人机交互变革时代：虚拟现实技术及其应用研究

岳广鹏◎著

新 华 出 版 社

图书在版编目（CIP）数据

人机交互变革时代：虚拟现实技术及其应用研究 / 岳广鹏著. -- 北京：新华出版社，2021.5

ISBN 978-7-5166-5855-0

Ⅰ.①人… Ⅱ.①岳… Ⅲ.①虚拟现实 Ⅳ.①TP391.98

中国版本图书馆 CIP 数据核字(2021)第 095792 号

人机交互变革时代：虚拟现实技术及其应用研究

作　　者：岳广鹏

责任编辑：徐　光　　**封面设计**：王　斌

出版发行：新华出版社

地　　址：北京石景山区京原路 8 号　　**邮　　编**：100040

网　　址：http://www.xinhuapub.com

经　　销：新华书店

新华出版社天猫旗舰店、京东旗舰店及各大网店

购书热线：010-63077122　　**中国新闻书店购书热线**：010-63072012

照　　排：新华出版社照排中心

印　　刷：三河市明华印务有限公司

成品尺寸：170mm×230mm

印　　张：14　　**字　　数**：251 千字

版　　次：2021 年 10 月第一版　　**印　　次**：2021 年 10 月第一次印刷

书　　号：ISBN 978-7-5166-5855-0

定　　价：68.00 元

前言

随着信息处理技术和光电子技术的高速发展，虚拟现实技术已经从小规模、小范围的技术探索和应用进入了更加宽广的领域。在未来几年，随着技术的进一步发展以及各国政府的政策支持、资本投入的聚焦，虚拟现实行业将以前所未有的速度快速发展。虚拟现实产业生态业务形态丰富多样，蕴含着巨大的发展潜力，能够带来显著的社会效益，虚拟经济与实体经济的结合将会给人们的生产和生活方式带来革命性的变革。虚拟现实技术正在加速向各个领域渗透和融合，并且给这些领域带来前所未有的变革。当前，对于虚拟现实技术的研究及其在产品设计领域中的应用，已经成为学术界所关注的重点问题。

本书主要分为六章内容，第一章是虚拟现实技术概论，依次介绍了虚拟现实的定义、虚拟现实技术的起源与发展、虚拟现实技术的深刻变革。第二章重点讨论虚拟现实、增强现实、混合现实的现状分析。第三章主要围绕虚拟现实技术的应用展开论述，详尽介绍了虚拟现实技术在游戏、娱乐、艺术、教育、医疗保健等行业中的应用情况。第四章是本书的重点章节，本章对虚拟现实与产品设计的理论关系展开详尽论述，依次介绍了数字化产品发展对设计的影响、虚拟现实技术在传统设计领域中的应用、产品设计与 VR、产品可视化与 VR、虚拟交互与 VR、视觉传达与 VR、以电动汽车开发设计为例七个方面的内容。第五章主要介绍了虚拟现实产品设计实践，依次介绍了 Waterfall 智能水龙头设计、模块化虚拟现实头盔设计、Carrier 货物运输机器人设计、OPS 医疗助手设计、手语翻译器设计。本书第六章为虚拟现实技术展望，重点围绕三个方面的内容展开论述，分别是虚拟现实的发展前景、虚拟和现实的界限趋于模糊、未来数字化人类的诞生，以期探明虚拟现实技术在未来的发展方向。

在撰写本书的过程中，作者得到了许多专家学者的帮助和指导，参考了大量的学术文献，在此表示真诚的感谢。本书内容系统全面，论述条理清晰、深入浅出，但由于作者水平有限，书中难免会有疏漏之处，希望广大同行及时指正。

作者

2020 年 11 月

目 录

第一章　虚拟现实技术概论

在本章内容中，我们将对虚拟现实技术进行概述，分别介绍了三个方面的问题，依次是虚拟现实的定义、虚拟现实技术的起源与发展、虚拟现实技术的深刻变革。

第一节　虚拟现实的定义

在了解虚拟现实的定义前，我们首先应当明确 VR 的目标。VR 的目标是让用户在执行虚拟任务的同时，相信自己是在现实世界中执行任务。为了产生这种感觉，该技术必须“欺骗大脑”，提供与大脑在真实环境中感知到的一致信息。

假如你一直梦想着驾驶一架私人飞机，但从来没有实现过这个愿望，那么，VR 系统可以通过模拟飞行体验帮助你虚拟地实现这个梦想。首先，VR 系统会对驾驶舱的合成图像进行再现，之后再现飞行跑道，最后再现你将飞越的地区的鸟瞰图。为了给你“在飞机上”的真实感受，这些图像必须是庞大的、高质量的。这样你对真实环境的感知就会被推到背景中，甚至完全被虚拟环境所取代，这种改变感知的现象，称为沉浸感，它是 VR 的首要基本原理。

倘若系统也能产生飞机引擎的声音，那么你的沉浸感就会变得更强，因为你的大脑能够感知到这些信息，这就会产生如临其境般的感受。头戴式显示器使用的是音频耳机，因为它可以隔绝环境噪声。真正的飞行员在真实的环境中是使用操纵杆和旋钮来操纵飞机的。如果我们想要模拟现实，在 VR 体验中再现这些动作是不可缺少的。因此，系统必须提供几个按钮和一个操纵杆来操纵飞机的行为。用户与系统之间的交互机制是 VR 的第二条基本原理，它将 VR 与提供良好沉浸感但没有真正交互的应用程序区分开来。例如，电影院可以提供质量非常高的视觉感受和听觉感受，但对用户来说只有展开在屏幕上的故事，却没有互动的机会。最近很受欢迎的“VR 视频”也是类似的，其唯一的交互是提供了可改变的视角（360度）。虽然这类应用程序是有用的，但它们不符合 VR 体验的标准，因为用户只是体验中的旁观者，而不是参与者。

让我们回到前面的案例中：为了尽可能再现现实，我们必须使用具有反馈功能的操纵杆来驾驶在空气阻力中飞行的飞机，通过制造阻力来模拟使用真正的操纵杆的体验，这种触觉信息显著增强了用户对虚拟环境的沉浸感，进一步推动现实的真实再现。我们可以提供一个真正的配备座椅和控制装置的飞机驾驶舱，这样我们能更好地适应外部屏幕，以确保出现在窗户和飞机的挡风玻璃上的合成图像是自然而又生动的。当我们给大脑额外的视觉信息（驾驶舱的部件）、听觉信息（按钮被点击或按下的声音）和触觉反馈（坐在飞机座位上的感觉）时，这种沉浸感会更强。毫无疑问，这种设备会让任何一个大脑相信，你真的是坐在驾驶舱里驾驶着一架飞机。当然，这些设备在现实中是确实存在的。这些飞机模拟器已经有多年的使用历史，首先用于训练军事飞行员，其次是商业飞行员，现在作为娱乐设备提供给那些想要体验自己是在驾驶飞机的“非飞行人员”。

根据这个例子，我们定义虚拟现实是一种能力，能让一个（或多个）用户在虚拟环境中执行一系列真实任务。用户通过在虚拟环境中与系统互动和交互反馈，进行沉浸感的模拟。

关于这一定义的一些说明：

（1）真实任务：实际上，即使任务是在虚拟环境中执行的，它也是真实的。例如，你可以开始在模拟器中学习驾驶飞机（就像真正的飞行员所做的那样），因为你正在培养将在真正飞机上使用的技能。

（2）反馈：是指计算机利用数字信号合成的感官信息（如视觉、听觉、触觉），即对物体的组成和外观、声音或力的强度的描述。

（3）交互反馈：这些合成操作是由相对复杂的软件处理产生的，因此需要一定的时间。如果持续时间太长，我们的大脑就会感知为一个图片的固定显示，接着是下一个图片。这样会破坏视觉的连续性，进而破坏运动的感觉。因此，反馈必须是交互的和难以觉察的，以获得良好的沉浸式体验。

（4）互动：这个术语指的是用户通过移动、操作和或转移虚拟环境中的对象，对系统行为起作用的功能。同样，用户也需注意到虚拟空间传递的视觉、听觉和触觉信息，如果没有互动，我们就不能称之为 VR 体验。

为什么需要使用 VR？这项技术的发展是为了实现几个目标：

（1）设计：工程师使用 VR 技术已经有很长一段时间了，目的是帮助建筑或车辆的构建，或者是在这些物体内部或周围虚拟地移动来检测任何可能存在的设计缺陷。这些测试曾经使用复杂程度不断增加的模型（最高可达Ⅰ级）进行，现在逐渐被 VR 体验所取代，后者价格更低，生产速度更快。必须指出的是，这些虚拟设计操作已经扩展到有形物体以外的环境中，例如，运动（外科、工业、体育）或复杂的科学实验计划。

（2）学习：正如我们在上面的例子中看到的，在今天，学习驾驶任何一种交通工具都是可能的，如飞机、汽车（包括 F1 赛车）、船舶、航天飞机或宇宙飞船等。VR 提供了许多优势：首先能保证学习时的安全性；其次可以复制，并可以轻易切入一些教学场景（模拟车辆故障或天气变化）。这些学习场景可以延伸到操作交通工具以外的更复杂的过程，如管理一个工厂或一个核中心的控制室，甚至通过使用基于 VR 的行为疗法学习克服恐惧症（动物、空白空间、人群等）。

（3）理解：VR 可以通过它提供的交互反馈（尤其是视觉反馈）提供学习支持，从而更好地理解某些复杂的现象。这种复杂性可能是由于难以触及有关的主体和信息，如在地下或水下进行石油勘探，想要研究的行星的表面，可能是我们的大脑无法理解的庞大数据，也可能是人类难以察觉的温度、放射性等。在许多情况下，我们寻求更深层次的理解，以便做出更好的决策——我们在哪里开采石油？我们必须采取什么金融行动？等等。

综上所述，VR 存在着非常精确和正式的定义。我们发现这个定义：虚拟现实是一个科学技术领域，它利用计算机科学和行为界面，在虚拟世界中模拟 3D 实体之间实时交互的行为，让一个或多个用户通过感知运动通道以一种伪自然的方式沉浸于此。

第二节　虚拟现实技术的起源与发展

一、虚拟现实技术的起源

虚拟现实技术（VR）有着悠久的发展历史，论及与虚拟现实相关的史实，我们可以从柏拉图关于洞穴的寓言开始叙述。

在柏拉图的《理想国》第7卷中，有一篇详细描述了几个被困在洞穴里的人的经历，他们只能通过投射在洞穴墙壁上的影子来观察外界发生的事情。现实和感知概念成为广受分析的主题，特别是关于从一个世界到另一个世界的探讨。

1420年，意大利工程师 Giovani Fontana 的著作《战争器械之书》（*Bellicorum instrumentorum liber*）中描述了一种可以将图像投射到房间墙壁上的魔灯（图1-2-1、图1-2-2），他提出这可以用来投射神奇生物的图像。这让人想起了几个世纪后由伊利诺伊大学的 Carolina Cruz-Neira 等人开发的大型沉浸式系统。

图1-2-1　Giovani Fontana 的魔灯示意图

图 1-2-2　使用魔灯

在讲述 VR 历史的书籍中，对“虚拟现实”一词在何处首次出现产生了争议。一些作者把它归功于 Jaron Lanier 在 1985 年的一次新闻发布会，而其他人则把它归功于 Antonin Artaud 在 1983 年发表的文章“Le theatre et son doubl”。

Artaud 无疑是这个词的发明者，他在 Theatre 的文集中使用了这个词：在这本书中，Artaud 详细地谈到了“现实”和“虚拟”两个词语。“虚拟现实”一词的准确解释出现在 1985 年盖玛利的实验作品合集的第 75 页：

“所有真正的炼金术士都知道，炼金符号是海市蜃楼，就像戏剧一样。这些可感知到的幻象和剧院里常出现的炼金术都应该被理解为一种同一性的表达，这种同一性存在于由字符、对象、图片组成的现实世界，炼金术剧院构造的虚拟现实，以及由炼金术符号构建的完全虚拟和充满幻觉的世界。”此外，在前几页他也谈到了柏拉图关于洞穴的寓言。

然而，很明显，Jaron Lanier 是第一个使用虚拟现实词意与本书相同的人。英语术语 virtual 和法语单词 virtuel 之间有微妙的区别，在英语中，这个词的意思是“仿佛”或“几乎是相同的事情或品质”。然而在法语中，这个词表示“潜在的”“可能的”和“没有实现的”东西。科幻小说家，尤其是擅长写“臆想小说”（一种想象我们的世界在未来会是什么样子的类型）的作家，也整合或构想过我们将在本书中讨论的 VR-AR 技术。这类书籍的清单相当长，这里根据它们的影响力按时间顺序列出四本，它们是：

（1）Vernor Vinge 在他 1981 年的中篇小说《真名实姓》中，引入了一个网络空间（没有明确命名），一群电脑盗版者利用虚拟现实沉浸技术对抗政府。他也是“奇点”概念的提出者，即把机器变得比人类更智能的那一时刻称为“奇点”。

（2）1984 年，William Gibson 在其小说《神经漫游者》中描述了这样一个网络世界，虚拟现实控制台允许用户在虚拟世界中体验生活。Gibson“发明”了“网络空间”（cyberspace）一词，他将其描述为“数十亿合法使用者每天经历的一种完美的幻觉”。网络空间概念跨越了不同的世界：数字世界、控制论世界和现实世界。

（3）1992 年，Neal Stephenson 在其小说《雪崩》中引入了元界（metaverse）的概念（一个以人们的虚拟形象为代表的社区不断进化的虚拟世界），这是一个类似于在线虚拟世界 Second Life 的宇宙。

（4）2011 年，Ernest Cline 在其小说《头号玩家》中为我们描述了这样一个世界：人类为逃离现实生活中的贫民窟，生活在一个巨大的虚拟社交网络中。这个网络也包含了开启财富之门的钥匙，引领着对圣杯的新探索。

实际上，文学作品并不是唯一一个早期就用虚拟现实建立现实与虚拟之间联系的领域。我们必须提到 Morton Leonard Heilig 在电影界的开创性工作。自 20 世纪 50 年代以来，他一直致力于虚拟现实这一项目。1962 年，他为 Sensorama 系统申请了专利。用户使用该系统可以骑着摩托车在城市环境中进行虚拟导航，获得一种包含立体视觉、摩托车声音以及发动机振动和迎风感觉的身临其境的体验。

电影很自然地利用了新技术。1992 年，Brett Leonard 执导了《割草者》（The Lawnmower Man），Pierce Brosnan 在片中饰演一个基于虚拟现实的科学实验对象（图 1-2-3）。关于这部电影有趣的一点是，在拍摄过程中，演员们使用了 Jaron Lanier 创建的 VPL Research 公司的真实设备（此时他已经申请破产）。当然，没人能忘记 1999 年的电影《黑客帝国》，这是《黑客帝国》三部曲中的第一部，这部电影由 Les Wachowski 执导，Keanu Reeves 和 Laurence Fishburne 主演。故事情节围绕着现实世界和虚拟世界之间频繁的旅行展开，主人公的职责是将人类从机器的统治中解放出来。这部电影的技术发展更加成熟，因为它完全是沉浸式的，而且用户只能通过极少的线索来判断他是处在真实世界还是虚拟世界。另一部更倾向于人机交互（HMI）而非 VR 本身的经典电影是由著名导演 Steven Spielberg 于 2002 年拍摄的《少数派报告》（Minority Report），这部影片由 Tom Cruise 主演（图 1-2-4）。这部电影描述了一种创新技术，它可以让人自然地与数据交互（这为将来的真实实验室研究项目提供了灵感）。当然，这三部电影不是仅有的谈论 VR 的电影——还有很多其他的，但这三部是虚拟现实领域最具代表性的。

图 1-2-3　电影《割草者》剧照

图 1-2-4　电影《少数派报告》剧照

讨论 VR-AR 在不同艺术领域的表现后，我们还可以分析这种技术如何在这些领域中使用。电影将成为虚拟现实的一个重要应用场景，例如通过使用 360 度全景影院（条件是观众最后变成演员）。在艺术领域，我们必须研究这些新的运作模式所带来的电影制作规范和规则的变化。特别是在传统电影中，叙事的构建原则是导演通过画面几乎“手拉手地引导观众”，让观众从画面中看到某种特定的风景元素。而在观众可以自由创造自己的视角的情况下，艺术的构建是不一样的。如果我们再加上用户有能力与环境进行交互，从而修改场景中的元素，那么叙事的复杂性就会加深，并开始接近视频游戏中使用的叙事机制。另一条结合真实和数字图像（混合现实）发展和研究的道路也很快就会出现。

漫画书、漫画小说的世界也受到巨大影响，一种是沉浸感项目的发展。例如 Oniride 工作室 2016 年制作的 Magnetique，另一种是 VR 在漫画世界的应用，例如 S. E. N. S 这个由 Arte France 与 Red Corner 工作室于 2016 年联合制作的项目，就在漫画世界中使用 VR，其灵感来自 Marc-Antoine Mathieu 的作品（图 1-2-5）。事实上，由于虚拟现实体验中的宇宙不一定是真实世界的再现，它也可能是纯粹幻想的产物，所以在漫画世界很容易进行这样的实验。

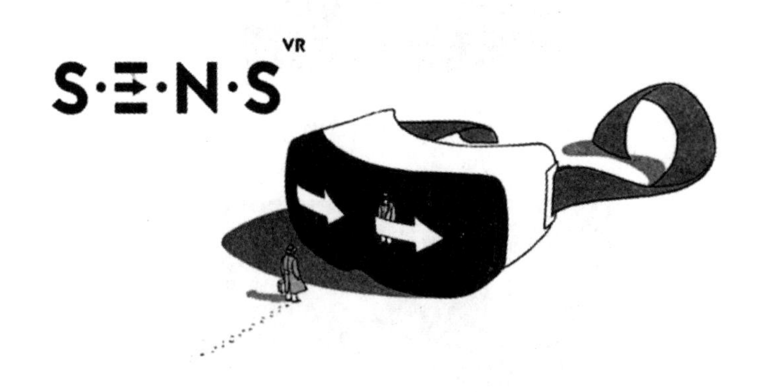

图 1-2-5　S. E. N. S 项目

二、虚拟现实技术的发展阶段

对虚拟现实状态的另一种分析使得我们可以为这个领域的发展阶段绘

制一个时间表（图 1-2-6）。

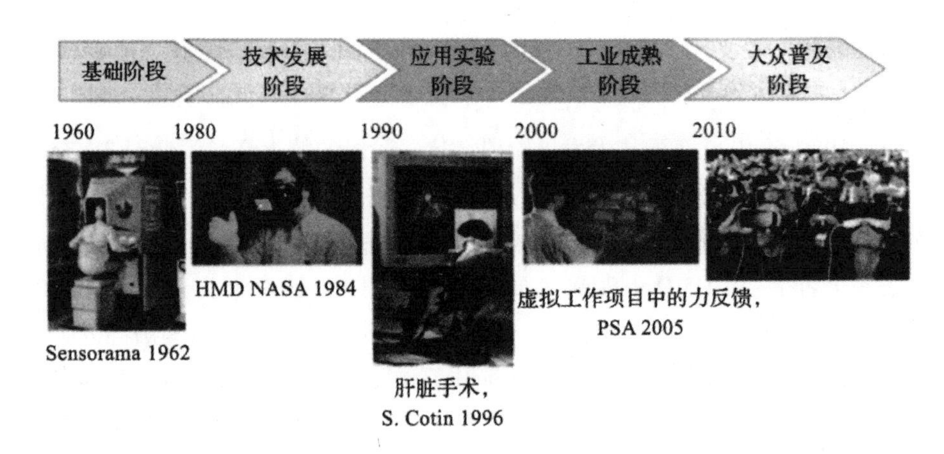

图 1-2-6　虚拟现实领域的发展

虚拟现实的发展可分为以下阶段：

（一）1960 年以前

1960 年以前的基础阶段：许多方法（甚至在今天的虚拟现实中使用的方法）在“虚拟现实”出现之前已经得到了完善。我们首次通过绘画（史前）、透视（文艺复兴）、全景展示（18 世纪）、立体视觉和电影（19 世纪）以及二战时英国飞行员的训练飞行模拟器来展现现实。最后，Morton Heilig 从 1956 年开始在 Sensorama 中使用的多模态反馈，以及 1969 年他的 Experience Theater（是所有大屏幕动态影院的前身），让我们有了沉浸感的概念，这是虚拟现实的核心。

（二）1960 至 1980 年

1960 至 1980 年的起步阶段：计算机科学的出现使所有基础元件得以发展，从而导致虚拟现实的出现。即使在今天，合成图像中用于表示虚拟环境的组件仍然是 3D 对象的建模和操作、算法使用（最重要的是 Z-buffer 算法）以及光和照明模型的处理。用于交互系统的组件，包括 Sketchpad——第一个头戴式显示器（HMD），GROPE 系统——第一个利用力反馈的项目（由 Frederick Brooks 于 1971 年在北卡罗来纳大学启动），构成了触觉反馈的基础。在应用方面，飞行模拟器相关的开发进展迅速，例如，由美国空军执行的VITAL和VASS项目。

（三）1980至1990年

1980至1990年的技术发展阶段：这一阶段的特点是专门针对3D交互技术发展。1985年，Michael McGreevy和Scott Fish（美国宇航局艾姆斯研究中心，NASA Ames Research）重新发现了虚拟现实显示系统，并给它起了一个名字——HMD（头戴式显示器），从此它就永远为人所知。1986年，Scott Fisher提出了空间化声音复原。美国人Jaron Lanier和法国人Jean-Jacques Grimaud创建了VPL Research公司，该公司利用数据手套和自己设计的视听设备，销售了首批虚拟现实应用程序。由于计算机设备的进步，Frederick Brooks的GROPE系统开始运行，其中包括操纵接近1500个原子的分子模型。

（四）1990至2000年

1990至2000年的应用实验阶段：在这10年中，材料和软件解决方案的集成使实现可信和可操作的实验性应用成为可能。让我们从电子游戏行业开始，它是最先预见虚拟现实的潜在好处，并使用专门为此开发的设备提供创新解决方案的行业之一。Virtuality（1991）、Sega VR（1993）、Virtual Boy（1995）和VFXA Headgear等一系列产品在20年后仍然影响着当今的解决方案。与交通相关的行业（汽车、航空、航天、海事）首先使用虚拟现实来设计车辆，然后学习如何驾驶它们。在这一时期，医疗行业也进行了一些VR的实验。例如，在华盛顿大学Harborview烧伤中心，Hunter Hoffman和他的同事使用虚拟现实减少遭受严重烧伤的病人的疼痛；Stephane Cotin等人提出了一个将力反馈应用于肝脏手术中的完整仿真系统。能源领域，特别是石油工业，也很早就认识到使用这些新技术的投资价值和可能的投资回报。

（五）2000至2010年

2000至2010年的工业成熟阶段：在专注于产品设计和学习如何驾驶车辆之后，VR的应用逐渐向维护和培训发展，以及使用模拟来控制工业过程（例如从指挥室监视工厂）。

我们也可以看到越来越多的应用程序使用VR，以便更好地理解真实环境，特别是帮助决定后续。以石油行业为例，研究底土能优化钻井的位置。甚至是在金融界，可视化地研究共享收益和增长曲线组成的空间，能更好地决定采取什么行动（买入、卖出）。在产品设计中以及项目评审期间，也能更好地理解、更好地决策，这减少甚至消除了对物理模型的需求。在设备方面，这10年间学术界和（大型）公司在安装沉浸式空间（CAVE，尤其是SGI现实中心）方面取得了重大进展。用户还可以很容易地找到捕获、定位和定向设备，如力反馈臂（触觉反馈）。

最后，这一时期VR应用程序的发展出现了非常显著的变化。除了该领域先驱者采用的以技术为中心的设计方法之外，还出现了一种以人为中心的设计方法。这种变化是两个因素同时发生的结果。

随着虚拟现实技术的日益普及，社会科学领域的研究人员，主要是认知科学领域的研究人员开始研究这一新范式：这开辟了未知的领域。应用程序开发人员注意到某些用途被拒绝以及某些用户体验到的不适，开始寻找不只是纯技术的解决方案。从研究人员获得的知识和结果与开发人员的需求的融合中，产生了一种考虑到人的因素的、关于应用程序的新思维方式，这种方法今天仍在使用。

（六）2010年以后

2010年以后的大众普及阶段：最后一个时期的特点是新设备的大量出现，其费用比以前的设备低得多，同时提供了高水平的性能。这种反弹主要是由于智能手机和视频游戏的发展。尽管头戴式显示器在媒体上的曝光率最高（例如Oculus Rift、HTC Vive），但新的动作捕捉系统也出现了。这种爆炸式的增长导致媒体发表了许多相关文章，将这些技术的信息更广泛地传播给了公众。这些公告（即使是那些完全不现实的）首先面向那些小公司技术人员（小公司不像致力于设计VR-AR新用途的大型团体），其次直接向公众传达信息，并且可能让多个部门感兴趣。

与这种新设备（这只是冰山一角）相对应的是，新的软件环境也建立起来了，它们通常来自视频游戏（比如Unity 3D）。这使得来自上述中小企业的“新”开发人员能够独立开发他们的解决方案。

很明显，这只是VR-AR向公众开放的开始。经过一段时间的媒体喧嚣之后，真正的好处将会显现，毫无疑问，未来几年这些技术的大规模使用将会出现爆炸式增长。

这些事实绝不是该领域的详尽历史，本书作者旨在回答以下问题：过去10年发生了什么？在对过去10年来该领域演变中的重大事件进行描述之前，研究社会经济背景的演变对了解真正发生了什么变化是非常有益的。

事实上，10年的发展群体包括：研究开发基本方法和技术的实验室；大型工业实体，通常是制造业或依赖大型技术化基础设施的工业（例如PSA、雷诺、空中客车、SNCF等）。一些技术初创公司提出了软件工具和（通常是实验性的）设备，例如Haption、Virtools和Laster。

在许多雄心勃勃的项目中，由于这三类群体之间的协作，产品常常能顺利生产。对于应用程序开发人员和最终用户来说，专业的集成软件解决方案都是一个相当沉重的负担。

第三节　虚拟现实技术的深刻变革

一、参与者之间的革命

在过去10年中，有些领域发生了几次深刻的变化。

首先，一些创业公司的创新在商业上取得了真正的成功：Oculus Rift（2013）被Facebook收购，产品出现了大规模扩散；Leap Motion及其轻量级位置传感器（2013）。

还有一些拥有大量资金和开发团队的大型组织现在已经介入并对这些技术产生了兴趣，无论是实现这些技术还是从现有的参与者那里购买这些技术。例如一些公司提供的以下产品：微软动力学传感器（2010）；谷歌眼镜（2013）（虽然这不是一个商业上的成功，但它的销量非常可观）；三星Gear VR耳机（2015）；微软HoloLens耳机（2016）；索尼PS-VR耳机

（2016）；HTC Valve Vive 耳机（2016）；苹果智能手机系列的开发工具包，苹果收购了增强现实领域的老牌公司 Metaio（2017）。

二、技术方面的革命

无论是在物质层面还是软件层面，这 10 年都涌现出大量的突破性新产品。在软件领域，我们必须注意到免费提供专业的综合软件解决方案，使任何具有专业知识的人都能开发自己的解决方案。例如 2009 年 10 月发布了 Unity 3D 的第一个免费版本；苹果的 ARKit 3.0 于 2019 年 6 月发布。

技术及其应用广泛发展的另一个决定性因素是终端的发展。实际上，在 2007 年 6 月，苹果售出了它的第一部 iPhone。每个人都知道这对移动手机市场以及移动应用领域的影响：这一发展使得用户迅速能够使用配备高质量屏幕、摄像机和多个传感器（如加速度计、触摸屏）的终端：这距离让普通用户能够使用移动 VR 或 AR 应用程序只有一步之遥，而此前这些应用程序并不为人所知，也过于昂贵。尽管如此，我们必须注意到，在声称是 VR 或 AR 应用的移动应用中，很少有真正将 AR 或 VR 发挥作用的，而且大多数都不利于这些技术的发展。平板电脑的出现消除了手机屏幕尺寸这一重要限制因素，也推动了 VR 和 AR 的发展。

最后，视频游戏在头戴式显示器（虚拟现实和增强现实耳机）领域取得了重大进展，使这些技术大规模普及的主要原因是，与较早的设备相比，购置费用很低，质量也完全令人满意。

另一场产生重大影响的技术革命是大规模地引入了专用架构，例如 GPU（图形处理单元）作为高性能计算中的协同处理器。事实上，现在每台计算机都有一张显卡，这使得它的计算速度比 10 年前的计算机要快得多，处理能力（CPU）也提高了。这种性能的提高必须放在 AR 或 VR 应用程序计算需求不断增长的背景下。当然，这是因为计算机生成的越来越高的图像质量，以及与用户的交互，都需要非常短的周期时间（高计算频率、低延迟）。例如在 Virtual Reality Treatise 中，我们用一只手的手指去数 GPU 这一术语在前四本书中使用的次数，这对于视频处理或者声音信号的处理是一样的。

三、使用和用户的革命

VR-AR 领域的另一个巨大变化是，最初打算用于少数专业领域（通常是专门领域，如设计工作室和行业专家）的应用扩展到了整个社会，甚至进入了我们的家庭（如游戏、服务、家庭自动化系统）。在过去的 10 年里，增强现实的用户已经从一个在办公室工作的专家变成了家里或者路上的每一个人。这也适用于 VR-AR 设备，在 10 年前，只有少数几家分销商向内部人士销售这种设备。今天，任何销售电子系统的主流厂商都将在其货架上和产品目录中提供在大型零售商店能看到的全套设备（头戴式显示器以及传感器）。“传统”商店为客户提供尝试应用或设备的机会已经不再罕见。VR-AR 在使用上的这种演变无疑将在今后几年内继续下去。

第二章　虚拟现实、增强现实、混合现实现状分析

随着虚拟现实（VR）、增强现实（AR）、混合现实（MR）技术的出现，我们的工作、娱乐和交流方式将发生天翻地覆的变化。而这些技术，将从根本上改变我们社会的前进方向。在本章内容中，我们将对虚拟现实、增强现实、混合现实的现状进行分析。

第一节　虚拟现实的现状分析

“虚拟现实”通常被用作各种沉浸式体验的总称，包括许多相关的概念，如“增强现实”、“混合现实”（MR，Mixed Reality）和“扩展现实”（XR，Extended Reality）。但本书提到的虚拟现实，通常指的是沉浸式计算机模拟现实，它创造了一个虚拟的现实环境。VR 环境通常与现实世界是隔离的，也就是说，它创造了一个全新的环境。虽然数字环境既可以基于真实的地点创建（如珠穆朗玛峰顶），又可以基于想象的地点设计（如水下城市亚特兰蒂斯），但它们依然存在于我们的现实世界之外。

随着虚拟现实（VR）技术的不断演进，拥抱 VR 的时刻已经来临，令人兴奋，也带点狂热，但先别急，我们还是应该评估一下 VR 的发展方向，这很重要。人类是不是已经开始大范围普及 VR 技术？这项技术会不会在未来一两年内掀起“第四波”技术变革浪潮的高潮？还是与一些反对人士暗示的情况一样，VR 目前所处的阶段只不过是整个 VR 发展周期的另一场失败，潮起潮落，浮浮沉沉，然后再度陷入“低谷期”并徘徊十年之久？

很多专家认为 VR 将在 2021—2023 年间实现主流应用。到那时，VR

头显可能已经发展到第三代或第四代，2018 年的许多问题都将不复存在。

我们先来看一看 VR 技术的现状，目前，市面上正在发售的主要是第一代设备，当然也有很多第二代（或者算 1.5 代）产品已发布。了解 VR 的现状有助于我们对这项技术的发展方向做出自己的预测，并能够判断在 VR 的整个发展周期中我们处于哪个阶段。

一、虚拟现实控制器

虚拟体验的用户早就发现，虽然视觉效果非常重要，但如果没有与之相匹配的信号输入手段，体验的品质就会迅速下滑。本来用户完全沉浸在 VR 体验的视觉效果中一切都挺好的，一旦他们试图移动手脚，然后发现这些动作在虚拟世界中没有反映出来，沉浸感立马就会崩溃。

“虚拟现实体验仅有视觉是不完整的”，Oculus Rift 的创始人 Palmer Luckcy 对维格科技网（The Verge，美国一家科技类新闻网站，其母公司是 Vox Media）说。“玩家绝对需要一套完全融合的输入输出系统，这样无论是观察虚拟世界，还是与之互动，都会有自然而然的感觉。”

以下是我们在深入了解 VR 世界时会见到的各种输入设备及其特点。有些很简单，有些极复杂。但每一种都对虚拟世界中究竟该如何实现互动做出了截然不同的尝试。有时候，最简单的输入就可以带来最棒的体验，如通过注视来触发动作。有时候，没有什么比一只活灵活现的“数字”能带来更好的沉浸感。

（一）注视控制

注视控制可以用于任何一种 VR 应用程序，是 VR 互动中很常见的手段，尤其是那种让用户多以被动方式互动的应用程序。（可以试想一下，通过持续注视某控制器一定时间实现触发是什么情景，使用触摸板或运动控制器主动触发又是什么情景。）像查看视频或照片类的应用程序一样（用户与内容打交道的方式偏于被动），正是注视控制技术的应用范例。

当然，注视控制技术的应用领域不仅仅是被动式互动。“注视”与其他互动手段（如硬件按钮或控制器）结合，也常常在 VR 环境中用于触发互动。随着眼动跟踪技术越来越流行，注视控制可能会发挥更大的作用。

注视控制器对用户注视的方向实施监控，通常内置十字线（或光标）和计时器。要选取某个道具或触发某项操作，用户只需注视一定的秒数。注视控制也可以与其他输入方法结合使用，以实现更深层次的互动。

VR 中的十字线（也叫“瞄准线”）可以是任何形式的图案，用来标示用户的注视对象。在不含眼球追踪功能的头显中，十字线通常就是用户视域的中心。在大多数情况下，十字线就是一个简单的点或十字准星，层级位于所有元素之上，用户无论做什么选择，都很容易看见。在头显中集成更复杂的眼动跟踪技术成为主流之前，这种位于视域中心的十字线给我们带来了一种简单的解决方案。

如图 2-1-1 所示是 VR 十字线的一个样例。十字线帮助用户知道自己在虚拟环境中究竟在盯着什么。

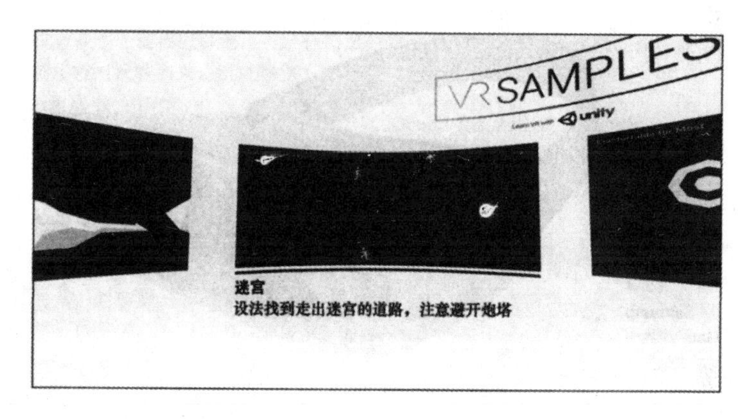

图 2-1-1　VR 中正在使用的十字线

（二）眼动跟踪

2016 年，一家名为 FOVE 的公司发布了第一款具有内置眼动跟踪功能的 VR 头显。Facebook、苹果和谷歌公司也都为自己的各种 VR 和 AR 硬件设备大肆收购从事眼动跟踪研究的大小创业公司，这充分说明眼动跟踪的确是一个值得关注的领域。

眼动跟踪有可能为用户带来更直观的 VR 体验。市售的第一代头显（FOVE 的这一类型除外）大都只能判断用户头部朝哪个方向转，判断不了用户是不是真的朝那个方向看。

如本章前面所述，大多数头显使用位于用户视野中间的十字线来告知用户那就是视线的焦点。然而在现实世界，人们的视线焦点并不一定正好在自己脸部的正前方。即使是看着眼睛正前方的计算机屏幕，我们的视线也经常在屏幕的底部和顶部之间扫来扫去，这样才能对各种菜单做出选择，视线偶尔甚至会落到键盘或鼠标上，而此时我们的头部有可能分毫未动。

眼动跟踪的另一个好处是能够给应用程序增加焦点渲染（Foveated Rendering）功能。焦点渲染的意思是，只有用户直接注视的区域才会进行完整渲染，其他区域在渲染时会降低图像质量。当前的头显自始至终都在完整渲染全部可视区域，因为它们不“知道”用户实际上在盯着什么看。而焦点渲染技术一次只完整渲染一小块区域。这就降低了渲染复杂 VR 环境所需的工作量，从而使低功率计算机或移动设备能够营造复杂的体验效果，使 VR 能够走近更多的人。

如图 2-1-2 所示，是焦点渲染工作原理示意。视线集中在哪里，哪里就会保持全分辨率的渲染精度。另外，在全分辨率的焦点区和低分辨率的边缘区之间还有一个过渡区。

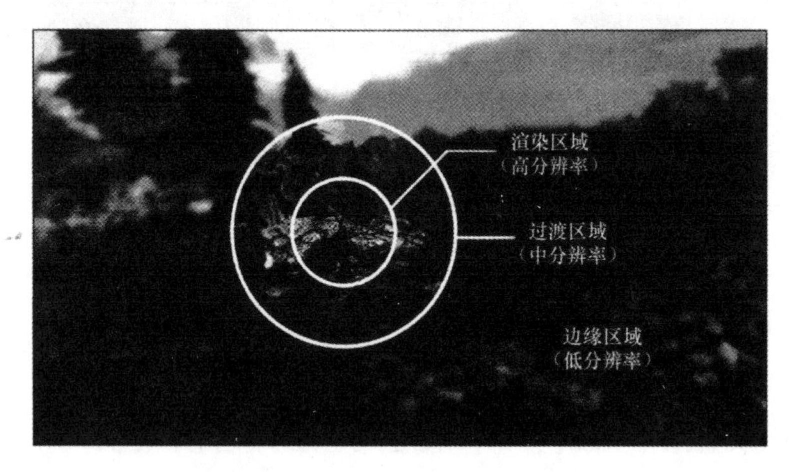

图 2-1-2　焦点渲染工作原理示意

与 FOVE 潜心研究自家头显的眼动跟踪技术不同，Tobii 和 7invensun 等厂商的研发重点是能给市售 VR 设备增加焦点渲染功能的配套硬件。各大头显制造商普遍对其下一代产品是否计划添加眼动跟踪功能缄口不言，由此可以看出，给装置装上眼动跟踪的翅膀可能需要一代甚至两代的时间，但这件事情绝对值得持续关注。如图 2-1-3 所示，为 Virtuix Omni 跑步机用于 VR 中的行进。

图 2-1-3　Virtuix Omni 跑步机用于 VR 中的行进

很多控制器方案都可以在街机或其他一次性装置中找到商机。关键是要找出哪些外设会成为 VR 世界的下一个顶梁柱，而哪些最终会被淘汰。

VR 控制技术的发展确实势如破竹，而且必将如日中天，不然我们也没必要在这里讨论它的前景。理由很充分：从来没有人“真正”在 VR 世界找到过模拟现实世界的“方法”。也许是因为人类对现实的感知太复杂了，所以永远都不会有真正的方法能够把我们与现实世界的互动完全模拟出来。也许 VR 会让我们清楚，我们“希望”用什么输入方法来融入现实世界。

至少现在，当然也包括不久的将来，VR 要想尽可能多地模拟各种互动，还是需要围绕注视和运动控制器这两种技术展开。但其进一步的发展，我们就不可预知了。

（三）手部跟踪

手部跟踪技术的意思是，在无须给双手佩戴额外硬件的情况下，使头显能够捕捉用户的手部动作。很多人认为手部跟踪将是运动控制器之后的下一代技术。也有很多公司正在研究如何将手部跟踪技术应用于各种 VR

技术中，而且这种技术在AR领域的步伐明显要迈得快一些。Leap Motion等公司多年来一直在广泛开展手部跟踪技术的研究，不管是不是用于VR。Leap Motion公司的第一代手部跟踪控制器诞生于2012年，用于2D屏幕。VR的兴起同样激起了这家公司的兴趣，它们的技术在VR互动领域显然大有可为。

运动控制器在VR世界中看到的形象通常是控制器、“魔杖”、虚拟“假”手或类似的造型，而手部跟踪技术可以将手的形象直接带入虚拟空间。在现实世界捏紧手指头，在虚拟世界也会捏紧手指头；在现实世界竖起大拇指，在虚拟世界也会竖起大拇指；在现实世界比出“V”字手势，在虚拟世界也会比出“V”字手势。能够在VR世界看到自己的手（实际上经过了数字处理），甚至连每一根手指的动作都能看清楚，的确是一种颇有些迷幻色彩的体验。那种感觉，就像是我们有了一具新的躯体。我们可能会在VR中一直盯着自己的手看，一会儿张开手掌，一会儿握紧拳头，只是为了观察自己在虚拟世界的手如何做同样的事情。

手部跟踪技术的视觉效果的确惊人，但也有缺点。与运动控制器不同，手部跟踪在虚拟空间中的互动能力在某种程度上是有限的。运动控制器可以实现很多种硬件互动。它的各种硬件（如按钮、触控板、触发器等）都可以触发虚拟世界中的不同事件，仅凭手部跟踪技术可实现不了这么多功能。利用手部跟踪作为主要互动方法的应用程序可能需要解决多种场景下的输入问题。如果只靠手部来输入，那么工作量会很大。

手部跟踪技术的另一个缺点是，尽管跟踪过程本身令人印象深刻，但它缺乏用户在现实世界互动时所具备的那种触觉反馈。比如，在现实世界拾取一个盒子是有触觉反馈的，而在VR中，仅仅依靠手部跟踪技术是不会有触觉反馈的，这会让许多用户感到不舒适。

在不久的将来，在标准的消费级VR体验中，手部跟踪技术可能会继续排在运动控制器之后，让后者继续发挥最重要的作用，然而迟早有一天，手部跟踪技术会在VR世界找到自己的位置。这种体验太特别了，一定会有一种办法让它在数字世界发挥作用。

（四）切换按钮

切换按钮非常简单，没什么必要专门提到它。目前，切换按钮已经成为最畅销的 VR 头显——“Google Cardboard”上的独一无二的输入手段。其本质就是一个简单的开关，使用十分便捷，只需“咔嗒”一声，动作即可开始。

（五）键盘和鼠标

有些 VR 头显在互动时使用了非标准的特制键盘和鼠标，但这种方法是有问题的，因为玩家根本无法在装置内部看到键盘。即便是打字最快的人，在看不到键盘（哪怕只有一眼）的时候，也会束手无策。

鼠标同样如此。在标准的 2D 数字世界中，如台式计算机，鼠标一直都是“浏览周边环境”的标准工具。但在 3D 世界里，应该用头显的“注视”功能来控制用户的视界。在一些早期的应用中，鼠标和注视控制系统都可以改变用户的视线，这样的设置可能会造成冲突，因为鼠标拖动的视线完全有可能与注视控制系统相反。

尽管有些 VR 应用程序支持使用键盘和鼠标，但随着一体式输入解决方案成为主流，这两种输入方法都已经过时了。当然，这些新型一体式解决方案也有自己的问题。如果键盘不再作为主输入设备，那么如何将长格式文本输入应用程序？为了解决这个问题，人们又提出了很多不同类型的控制方法。罗技研制了一种尚处于概念验证阶段的 VR 配件，能让 HTC Vive 的用户在虚拟世界里看到真实键盘的影像。它将一种跟踪装置连接到键盘上，然后在 VR 空间中建立起键盘的 3D 模型，叠加在真实键盘所处的位置上，这种解决办法很有意思，也确实能够帮助玩家录入文字。

全数字的文字录入办法其实也有。Jonathan Ravasz 的“敲打式键盘”（Punch Keyboard）是一种联想输入式键盘，用户可以使用运动控制器作为鼓槌，敲打就是录入。如图 2-1-4 所示，为正在使用的敲打式键盘。但未来 VR 应用程序的开发人员还是得找到更好的文本输入方法并形成标准，不然很难实现大规模普及。

图 2-1-4　Jonathan Ravasz 的“敲打式键盘”

（六）运动控制器

在 2D 的 PC 游戏时代，运动控制器曾被当成某种噱头，如今已成为 VR 互动的行业标准设备。几乎所有的大型头显厂商都发布了与自家装置兼容的整套运动控制器。

如图 2-1-5 所示，是一对 Oculus Touch 运动控制器，也是 Oculus Rift 最新的配套装备。HTC 和 Microsoft 也有类似的产品，都属于没有线缆牵绊的运动控制器。

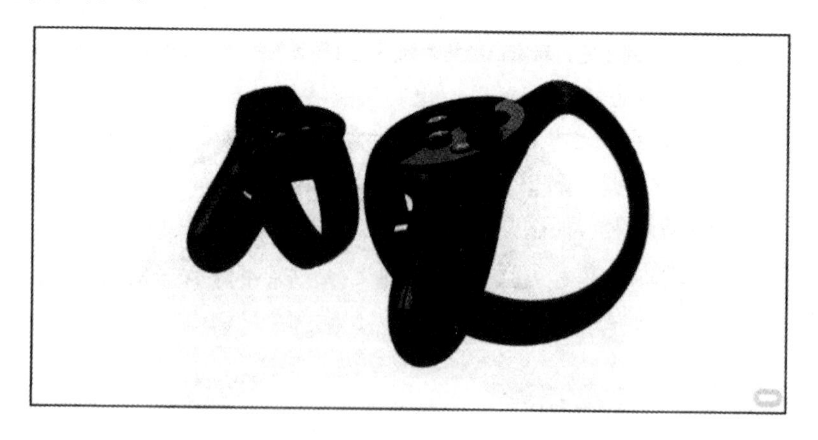

图 2-1-5　一对 Oculus Touch 运动控制器

在理想情况下，终端用户应该是近乎感觉不到控制器存在的。然而之前我们介绍过这么多输入手段，没有哪一个能让用户在无意识的状态下就可以把动作做了：我正在按动头显的侧按钮；我正在寻找、轻按键盘上的 W 键。而运动控制器沿着解决这个问题的方向迈出了一步。运动控制器在 VR 体验的过程中是看得见的，而且感觉像是手的自然伸展。许多高端 VR 控制器甚至具备“6 自由度”移动能力，能带来更深入的沉浸感。

“6 自由度”（6DoF，Six Degrees of Freedom）指某个物体在三维空间中随意移动的能力。在 VR 领域，这个术语一般是指前后、上下、左右各个方向的移动能力，而且这个移动能力既包括方向上的（旋转），又包括位置上的（平移）。“6 自由度”使得控制器可以在 VR 空间中对自身在真实空间中的位置和旋转角度实现逼真的跟踪。

不仅仅是高端产品，就连第一代的中端移动型头显（Gear VR 和 Daydream）同样有自己的运动控制器。当然，与高端系列相比，它们的运动控制器并不算什么，通常就是一些具有不同功能的单个控制器（触摸板、音量控制、后退/主页按钮等）而已。由于控制器在虚拟世界中以某种形式才能看得见，所以用户可以“看到”他的手在现实世界中的动作。与高端产品不同，中端的运动控制器通常只具备“3 自由度”的运动能力（只能追踪他们在虚拟世界中的旋转角度）。

如图 2-1-6 所示，是使用 Samsung Gear VR 控制器时用户在 VR 中看到的内容。真实设备的虚拟形象使用户能够在 VR 中确定道具的位置。

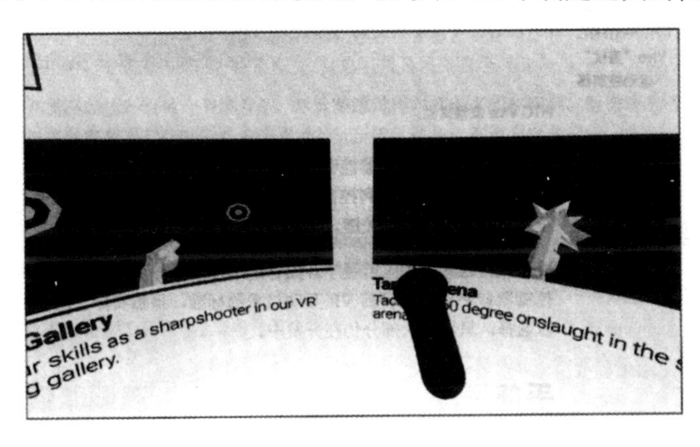

图 2-1-6　Samsung Gear VR 控制器

Gear VR 和 Daydream 控制器的动作捕捉能力虽然明显胜过移动型设备，但与高端无线头显的精确度相比还是有着天壤之别的。而且如果未配双运动控制器（可以双手操作），有时会给人一种加强版电视遥控器的感觉。

当然，就算这些中端产品的控制器不如高端系列复杂，只能简单地用单手控制，但也可以给用户带来比前面那些办法更好的 VR 体验。能够在虚拟空间中“看到”控制器并能跟踪其在真实空间中的移动轨迹，不仅是让用户在虚拟世界中获得沉浸感的一大步，还是将用户在真实世界的动作导入虚拟空间的一大步。高端的头显（如 Rift、Vive 和 Windows Mixed Reality）配备的无线运动控制器都是一对。虽然不同的运动控制器之间有一些细微的差别（Vive“魔杖”上的触摸板跟 Oculus Touch 的模拟操纵杆相比，如图 2-1-7 所示），但它们总体上还是有很多相似的特点。

图 2-1-7　一对 HTC Vive“魔杖”运动控制器

这些成对的高端控制器能够实现极为精确（亚毫米级）的物体探测能力。当我们低头的时候可以看到控制器和身体一起移动，实现这种效果是让 VR 体验真正身临其境的又一个关键。

接下来，很多 VR 应用程序开始将运动控制器作为唯一的主输入设备了。运动控制器似乎已成为目前 VR 互动技术的标准。虽然实际上还有很多其他方法可以选择，只不过大部分仍在开发中。

（七）一体式触摸板

一些硬件制造商，如三星（在 Gear VR 上），通过在头显侧面加装一块完整的触摸板，把一体式硬件按钮的想法向前推进了一步。如图 2-1-8 所示，显示的是三星用于触碰、滑动和单击的一体式触摸板（1），以及一体式“主页”按钮（2）和“返回”按钮（3）。

图 2-1-8　Samsung Gear VR 的一体式触摸板

与简单的切换按钮相比，触摸板可实现更好的互动效果。触摸板使用户可以根据需要水平或垂直滑动，点取道具、调节音量和退出。如果用户一时找不到设备的运动控制器，触摸板还可以当作备用控制方法使用。但是一体式控制解决方案有一个缺点，需要以某种方式与设备建立通信联系。例如，采用一体式硬件控制方式的移动 VR 头显可能需要通过 micro-USB 或类似接口与移动设备连接。此外，由于触摸板可能无法以自然的方式融入虚拟世界（模拟虚拟世界中的控制器），因此，会大大降低用户体验的真实感。

（八）标准游戏手柄

许多头显和控制器都支持标准游戏手柄或电玩控制器，这也是许多游戏玩家熟悉的输入解决方案。最初的 Oculus Rift 甚至附带了一个 Xbox One 控制手柄，对于它，玩家已经熟悉到不能再熟悉的程度了（图 2-1-9）。

图 2-1-9　Xbox one 控制手柄

但是，把游戏手柄作为输入手段用于 VR，融合度感觉也不比其他的办法好。只不过对于众多同时也是游戏玩家的 VR 用户来说，手柄实在是太熟悉了，而且也是脱离键盘和鼠标的良好开端。大多数 VR 头显也不再依赖标准游戏手柄作为主要输入方法，它们更喜欢采用融合度更高的运动控制器。

标准游戏手柄最主要的问题就是难以融入虚拟世界。在真实世界中使用游戏手柄的感觉和在虚拟世界有着很大的差异，大到可以把用户从 VR 的沉浸感中拎出来再狠狠地砸到地上。这也很可能是大多数头显宁可自行研发融合度更高的运动控制器的原因。

二、“房间式”与“固定式”体验

房间式 VR 允许用户在游戏区域内随意移动，他们在真实空间中的动作会被捕捉并导入数字环境中。要实现这一点，第一代 VR 产品需要配备额外的设备来监控用户在 3D 空间中的动作，如红外感应器或摄像头。想在水下漫步，与鱼群共泳吗？想在虚拟宇宙飞船的甲板上，边爬边追你的机器狗吗？想四处走走，一点一点地探索 Michelangelo’ s David 雕塑作品的 3D 模型吗？只要我们身处的空间够大，就可以在房间式的 VR 体验中做到这一切。

第一代 VR 产品大都需要外部设备来提供房间式的 VR 体验，但在许多具备内置式外侦型跟踪功能的第二代设备上，这种情况正在迅速发生变化。本章后面将进行讨论。

而另一头的固定式 VR 也恰如其名，在体验过程中，用户要在同一个位置保持姿势基本不变，无论是坐着还是站着。目前，较高端的 VR 设备（如 Vive、Rift 和 Windows Mixed Reality）已可实现房间式的体验，而基于移动设备的低端产品则不行。

由于用户的动作经捕捉后可以导入身处的数字环境，因此，房间式的 VR 体验比固定式的更加身临其境。如果用户想在虚拟世界中穿过某个房间，只需在真实世界穿过相应的房间即可。如果想在虚拟世界中钻到桌子下面去，也只需在真实世界中蹲下来，然后钻进去。在固定式的 VR 体验中，做同样的动作需要借助操纵杆或类似的硬件才行，这会使用户体验中断，导致沉浸感大大弱化。在真实世界里，我们靠在实际空间中的移动来感受“真实”；而在 VR 世界里，要实现同等程度的“真实”感还有很长的路要走。

房间式的 VR 也不是没有自己的缺点。如果用户希望在漫游虚拟世界时不会碰到真实世界中的障碍，那么就需要在真实世界里划定足够大的空间给 VR 用。尽管开发人员在解决空间不足问题时有很多技巧，但对于大多数用户来说，拥有专用于 VR 空间的整个房间是不切实际的。

为了标出真实世界中存在的障碍，防止用户撞上门或墙，房间式数字体验也需要设置相应的屏障，在虚拟世界中划定真实世界中的界限。

如图 2-1-10 所示，说明了 HTC Vive 目前解决这个问题的思路。当用户过于靠近真实世界中的障碍（需要在设置虚拟房间的时候定义）时，虚线绘成的“全息墙”会向用户发出障碍物警告。这个解决方案并不完美，但考虑到在 VR 世界里移动所面临的巨大挑战，这一代 VR 头显能做到这一点，已经很好了。也许再过几代，YR 头显就能够自动检测真实世界中的障碍，并在虚拟世界中把它们标记出来。其实，房间式的 YR 体验往往存在这种情况，用户需要移动的距离远远超过真实空间所能容纳的范围。而在固定式的 YR 体验中，这个问题很容易解决。由于用户不能随意移动，所以，要么把整个体验过程设计成在一个固定的地方，要么就采用不同的运动方法来代替（如使用控制器来移动游戏中的角色）。房间式 VR 还有一系列其他问题。用户在虚拟世界是可以到处跑的，可是距离要受真实空间的限制。有些玩家拥有 20 英尺（约 6.1m）的真实空间用于 VR 世界中的行走。而有些玩家的活动区域就局促多了，也许只有 7 英尺（约 2.1m）。VR 的开发人员现在面临着艰难的选择，究竟应该如何做才能满足用户在两个世界中的活动需求？如果用户需要稍微突破一下在真实空间中设定的边界会发生什么事？如果想出去逛逛呢？如果想跑得很远呢？

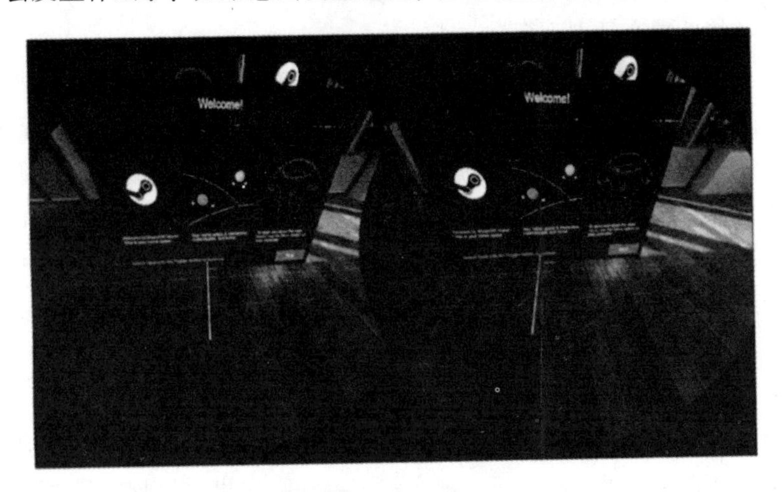

图 2-1-10　HTC Vive 的“全息墙”边界

若是用户只是从房间的这头走到那头拿东西，在房间式的 VR 环境里，只需简单地朝那个东西走过去。但如果要走很远的距离，问题就来了。面对这些情况，开发人员就得清楚，什么时候应该让用户在真实空间中朝近处物体移动，什么时候应该帮助他们够得着更远处的东西。这些问题其实最终都会解决的，只不过 VR 目前还处于发展的相对早期阶段，如何才能解决好这些问题，开发人员仍在探索。

（一）触觉反馈

“触觉反馈”（Haptic feedback）能向终端用户提供触觉方面的感受，目前已有多款 VR 控制器内置触觉反馈功能。Xbox One 的控制器、HTC Vive 的摇杆和 Oculus Touch 的控制器都有颤动或振动模式可以选择，为用户提供与故事情节有关的触觉信息：你正在捡起一件物品；你正在按按钮；你关上了一道门。但是这些控制器能提供的反馈相当有限。与手机收到消息提示发出的振动差不多。尽管有一点反馈总比一点反馈都没有要好些，但业界还是需要大幅度提高触觉反馈的水平，在虚拟世界内真正实现对现实世界的模拟。也确实有多家公司正在研究解决 VR 中的触觉问题。

Go Touch VR 研发了一种触控系统，可以戴在一根甚至数根手指上，在虚拟世界中模拟出真实的触感。说起来这只不过是一种绑在手指末端并用不同大小的力量按压指尖的装置。但 Go Touch VR 宣称它拥有惊人的逼真度，就像真的拿起某个东西一样。

包括 Tactical Haptics 在内的另外一些公司也正在设法解决控制器内的触觉反馈问题。它们研发的 Reactive Grip 控制器，表层内置了一套滑块，据说能够模拟出触碰真实物体时感觉到的摩擦力。在网球击中球拍那一瞬间，你会在手柄上感觉到球拍向下的冲击力；移动重物时，你会感觉到比移动轻的东西更大的阻力；画画时，你会体会到画笔在纸或画布上移动时的拖曳感。Tactical Haptics 声称，与市面上大多数只能实现振动的同类产品比起来，他们的作品可以更精确地模拟上述场景。

在 VR 触觉领域走得更远的是 HaptX 和 bHaptics 等公司，它们研发了全套触觉手套、背心、衣服和外骨骼。bHaptics 目前还在研究无线的 Tact-Suit（战术套装）。这套装具包含触觉面具、触觉背心和触觉袖子。振动元件由偏心旋转质量振动电机驱动，分布在面部、背心正反面还有袖内。根据 bHaptics 的说法，这套装具可以给用户带来更细腻的沉浸式体验，“感受”爆炸的冲击力、武器的后坐力，还有胸部被击打时的碰撞力。HaptX 也是努力把 VR 触觉反馈做到最极致的公司之一，主要工作是研制各种智能纺织品，能让用户感觉到物体的质地、温度和形状。目前，HaptX 正在做的是一种触觉手套的原型，能够将虚拟世界中的触觉在现实中逼真地反馈出来。市场上的大多数触觉反馈硬件只能够简单地振动，而 HaptX 能做到的远远不止这些。该公司发明了一种纺织品，通过嵌入式微流体空气管道刺激终端用户的皮肤，可以实现力反馈效果。

HaptX 公司声称自家的技术比那些只能振动的设备带来的体验要出色得多。结合 VR 的视觉效果，能让用户体验到更为彻底的真实感。HaptX 公司那种能覆盖全身的触觉反馈技术，才是真正的 VR。如图 2-1-11 所示，是 HaptX 公司最新的 VR 手套。

图 2-1-11　HaptX VR 手套

（二）内置式外侦型跟踪技术

目前，只有高端的消费级头显能提供房间式的 VR 体验。这些高端设备通常需要通过线缆与计算机连接，这样当用户在房间范围内移动时，很容易踩到线缆，看起来很笨拙。线缆问题一般包含两个方面：头显内部的显示屏需要接线；跟踪装置在真实空间中的运动轨迹同样需要接线。

厂商们一直致力于解决第一个问题，所以许多第二代 VR 产品已经采用了无线方案。与此同时，包括 Display Link 和 TPCast 在内的多家公司也在研究如何用无线方式将视频流传输到头显。

至于跟踪问题，Vive 和 Rift 目前的外置式内侦型跟踪技术（Outside-in Tracking）有很大的局限性，不管是头显还是控制器，都需要通过外部设备来完成跟踪。它们需要在用户的移动范围周围放置其他硬件（Rift 称为“感应器”，Vive 称为“灯塔”）。这些感应器与头显本身是分开的。只有将它们放置在虚拟房间的周围，才能在 3D 空间中极为精确地跟踪用户的头显和控制器，但这样一来，用户就只能在感应器的有效范围内移动。一旦超出这个范围，跟踪就会失败。

如图 2-1-12 所示，是第一代 HTC Vive 的设置界面，要求用户在跟踪范围的四周安装“灯塔”。然后拖动控制器沿着可用的活动区域（必须在灯塔的侦测范围内）四周划定“可玩”区。这个步骤就是为了设定用户可移动的范围。第一代房间式 VR 头显大都采用了类似的方式解决这个问题。

图 2-1-12 HTC Vive“房间”的设置

相比之下，内置式外侦型跟踪技术（Inside-out Tracking）的做法是将感应装置设在头显的内部，取消了外部感应器。这种技术依靠头显分析处理从真实环境采集到的纵深和加速度数据，协调用户在 VR 环境中的动作。Windows Mixed Reality 目前使用的就是内置式外侦型跟踪技术。

内置式外侦型跟踪技术始终是虚拟现实世界的神器，无须外部感应器意味着用户的移动范围不再受限于某个小区域。但是，就像任何一种技术选择一样，这需要付出代价。目前，内置式外侦型跟踪技术除了不够精确以外，还有其他一些缺点，例如，控制器如果移动到超出头显控制范围太远的地方就会掉线。当然，厂商们正在集中资源解决这些问题，许多第二代头显已开始使用这种技术来跟踪用户的动作。只不过有了这种技术并不意味着“可玩”区的概念成为历史。对用户而言，还是需要用某种方法来设定自己的活动区。我们要明白这样一件事，取消外置式感应器已经是下一代 VR 技术的一大飞跃。

在第一代 VR 头显中，即使是高端产品也大都需要连接计算机或外部感应器，但厂商们正在想方设法解决这些问题。像 VOID 这样的公司已经有了自己的创新解决方案，从中可以一窥完全独立的VR头显可以带来什么样的体验。这家公司的研究重点是“定位”，按他们自己的说法，他们为用户提供的是“超现实”（Hyper-reality），意思就是用户能以某种现实世界中的方式与虚拟世界中的事物互动。

这种黑科技的关键是VOID公司研发的背包式VR系统。有了背包、头显和虚拟枪，VOID的系统就有能力绘制出相当于整个仓库那么大的真实空间，然后用虚拟要素逐一覆盖。无限可能因此诞生。比如，VOID可以把现实世界普普通通的一扇门绘制成沾满黏液、爬着葡萄藤的虚拟门；一个毫不起眼的灰色盒子也可以变成一盏古老的油灯，照亮玩家在虚拟世界中的道路。

VOID目前这种背包模式在大众消费领域可能不会成功。对广大消费者来说，这东西既麻烦又昂贵，用起来也太复杂了。但是，VOID研发的定位技术效果非常棒，从中我们也可以了解，一旦VR从线缆的束缚中解放出来，能爆发出何等惊人的沉浸体验。

Vive和Rift似乎都在准备推出无线头显。另外，HTC Vive Focus（已经在中国发布）和Oculus即将推出的Santa Cruz，其开发人员套件都采用了内置式外侦型跟踪技术。

（三）音频

为了尽可能完美地模拟现实，只考虑视觉和触觉是不够的。嗅觉和味觉的模拟的普及（也许真的很幸运）离大规模消费者恐怕还早得很，但3D音频已经面世了。听觉对于创造逼真的体验极为重要。如果音视频协调得好，则能为用户带来存在感和空间感，有助于建立“就在现场”的感觉。在整个VR体验过程中，能让人判断方位的音视频信号对用户至关重要。

人类的听觉本身就是三维的，我们能辨别3D空间中声音的方向，能判断自己距离声源大概有多远，等等。模拟出这样的效果对用户来说很重要，要让用户感觉就像在现实世界中听声音一样。3D音频的模拟已经存在相当一段时间了，而且实用性没有任何问题。随着VR的兴起，3D音频技术找到了可以推动自己（也推动VR）进一步发展的新战场。

目前的大多数头显（即使是Google Cardboard这样的低端设备）也都

支持空间音频（译注：Spatial Audio 指全方位的声音信息）。人类的耳朵位于头部相对的两侧，空间音频很清楚这一点，也因此对声音做出了恰当的调整。来自右侧的声音将延迟到达用户的左耳（因为声波传播到远端那只耳朵所花的时间要稍微多一点）。在空间音频发明之前，应用程序只能简单地在左扬声器播放左侧的声音，右边亦然，两者之间交叉淡入淡出。

标准的立体声录音有两个不同的音频信号通道，用两台间隔开的麦克风录制。这种录制方法制造出的空间感很松散，声音会在两个声道之间滑动。“双声道”（Binaural）录音技术，指使用能模拟人类头部形状的特制麦克风创建的两个声道的录音。这种技术可以通过耳机实现极为逼真的回放效果。利用双声道录音技术来制作 VR 中的现场音频，可以为终端用户带来非常真实的体验。

不要忘了，不管是空间音频还是双声道录音，都有一个缺陷：体验其 3D 效果离不开耳机。对于大多数 VR 头显而言，配备耳机是很正常的事，虽然这并不意味着没有它就卖不出去，但在评价一副 VR 头显的好坏时，买家肯定会把有没有耳机考虑进去。

三、市售产品的形态规格

大多数 VR 硬件制造商的产品外形看起来都很相似，通常都是头显/集成音频/运动控制器的组合。这种外形可能确实是体验 VR 的最佳基础配置，但也可以说是缺乏创新，也就是说，面向大众的消费级产品其实并没有太多的选择，也许再过几年，VR 产品的形态规格会发生根本改变。虽然不同公司设计出来的外观和给人的感觉不同，但现在的大多数 VR 产品都是头显造型。

为了在某种程度上优化本书的结构，作者把大部分笔墨都放在具有最大用户群体的消费级头显上面。在现阶段，也就是指 Oculus Rift、HTC vive、Windows Mixed Reality、Samsung Gear VR、PlayStation VR 以及 Google Daydream 和 Google Cardboard。它们都是目前用户群体最广泛的第一代消费级 VR 头显，当然，这个名单未来肯定会改变。但即使有其他产品出现，也应该与此处提到的标准差不多。许多即将推出的第二代设备也可以按照相同的标准进行评价。除上述产品之外，也有必要熟悉一下各种硬件产品的不同思路、优点和缺点，这样当市场上出现新产品时，我们才会具备鉴别能力。

对消费级 VR 而言，HTC Vive 和 Oculus Rift 目前牢牢占据着市场的高端位置。它们也毫无疑问给我们带来了迄今为止最身临其境的体验。当然，这样的体验耗资不菲——无论是装置本身还是驱动装置所需的独立硬件。

微软新上市的 Windows Mixed Reality 与 Vive 和 Rift 属于同一档次的产品。但是不要被它的名字欺骗了。此处的 Windows Mixed Reality 仅仅是微软为其 VR 头显起的名字，与未来有可能将 VR 和 AR 融合在一起的“混合现实”（Mixed Reality）这个术语目前并无任何关系。至于这些产品以后会不会既可以直接当作 VR 装置用，又可以通过摄像头导入周围环境的图像从而当作 AR 装置使用，这很可能正是微软的努力方向，只不过目前依然是“镜中花、水中月”而已。

其实 Windows Mixed Reality 并不是一个硬件品牌，相反，它是一个平台，囊括了硬件供应商在设计制造自己的 Windows Mixed Reality 头显时可以遵循的规范。从个人角度举例说明，我们可以把 HTC Vive 或 Oculus Rift 看作是 Apple，因为每个制造商都会生产、销售自己的硬件设备，掌控一切。而微软只需要掌控 Windows Mixed Reality 的软件标准，它不一定会自己生产硬件。其他制造商可以研发自己的头显，冠以 Windows Mixed Reality 的名称对外发售，只要它们符合微软的标准或规范。但从技术上讲，微软开发的 AR 头显 Microsoft HoloLens（微软确实生产了）也从属于 Windows Mixed Reality 平台。讲到这里，读者难免会产生混乱，这里有必要做一个说明，当我们提到 Windows Mixed Reality 时，通常是指沉浸式 VR 头显的产品线。而提到 Microsoft HoloLens 时，是指该产品本身。

为了便于评价，如果没有一台真正的 Windows Mixed Reality VR 头显可以作为参照，那么将不同的东西拿来进行对比是很困难的。比如，同样是研发 Windows Mixed Reality 头显，宏碁和惠普公司采用的基本规格就有可能不一样。也就是说，大多数 Windows Mixed Reality VR 头显的规格通常都会尽量定位高端。游戏机厂商索尼通过旗下的 PlayStation VR 涉足 VR 领域。PlayStation VR 不需要依托计算机运行，但需要索尼的 PlayStation 游戏机。虽然 PlayStation VR 因其易用性、价位和游戏选择方式备受好评，但也有很多缺陷，如房间规模的体验不佳、控制器灵活度稍显不足，以及与之前提到的高端产品相比目镜的分辨率太低。

如表 2-1-1 所示，作者对市售的一些桌面型 VR 头显进行了对比。为了让对比更合理，高端的“桌面型”和低端的“移动型” VR 产品采用了不同的表格。“桌面型”产品需要外接设备，通常是计算机或游戏机；而“移动型”产品只需要手机之类的移动设备就可以。当然，这并不意味着其中一种一定比另一种好。实际上两者各有优劣，比如，只要买得到，我们就要那种最震撼或是最具沉浸感的体验，那么毫无疑问，“桌面型” VR 产品更合适。但如果我们觉得画面的真实度不是太大的问题，只是不能总在一个地方静止不动，那么“移动型”更能满足需求。

表 2-1-1 “桌面型” VR 头显对比

	HTC Vive	Oculus Riff	Windows Mixed Reality	PlayStation VR
平台	Windows 或 Mac	Windows	Windows	PlayStation 4
体验模式	固定式或房间式	固定式或房间式	固定式或房间式	固定式
视域	110 度	110 度	可变 100 度	100 度
目镜分辨率（单眼）	1080×1200 OLED	1080×1200 OLED	可变（1440×1440LCD）	1080×960 OLED
重量	1. 2 磅（约 0. 54 kg）	1. 4 磅（约 0. 64kg）	可变（0. 375 磅，约 0. 17kg）	1. 3 磅（约 0. 59kg）
刷新率	90Hz	90Hz	可变（60—90Hz）	90—120Hz
控制器	双动摇杆	双动手柄	双动手柄，带内置式外侦型跟踪功能	PlayStation 双动手柄

虽然这些参与评价的硬件尚属于初代产品，但情况很快就会改变，记住这一点很重要。将要发布的第二代设备中一些高端产品不再需要外部硬件，而且即使做不到这一点，也至少可以实现无线连接。用户同机器“断开连接”将是 VR 向易用性目标迈出的重要一步。

Windows Mixed Reality 体系下的头显有很多不同的版本，具有不同的规格。在此介绍相当受欢迎的宏碁 AHl01 Mixed Reality 的规格。

关于“固定式体验模式”有多种不同的表达方式——站着、坐着、静止、桌子范围内……它们都是同一个意思，即在体验 VR 的过程中，在直接空间内不可以随便移动。

OLED 指有机发光二极管。OLED 具有显示绝对黑色和极亮白色的能力，在对比度和功耗方面通常优于 LCD。

第一代消费级 VR 设备的性能和功能都比较弱，都是移动型 VR 设备，如 Google Daydream 和 Samsung Gear VR。使用这些设备只需要相对廉价的头显和兼容的高端 Android 智能手机就够了，这也是新手猎奇的入门级选择。

第一代消费级 VR 头显的低端产品是手机驱动型装置，如 Google Cardboard，谷歌给它起这个名字（意思是“硬纸板”）正是因为其原型机只不过是特别设计的一组透镜加上硬纸板做的手机托架而已。Google Cardboard 仅仅凭着便宜的零件和用户自己的移动设备就创造出一副 VR 装置。任何稍微新一点的移动设备，无论是 iOS 还是 Android，都可以运行这副装置所需的 Google Cardboard 软件。然而，Google Cardboard 从专业技术的角度来讲显得比较业余，无法给用户带来能与专用 VR 装置相媲美的体验效果。

与 windows Mixed Reality 一样，Google Cardboard 也不都是谷歌制造的。谷歌网站免费提供了 Cardboard 的技术规范。生产 Google Cardboard 兼容产品的厂商有 Mattel 的 View-Master VR 和 DodoCase 的 SMARTvr。所有兼容产品都使用了类似的技术，也提供相差无几的支持。然而，我们并不能被它的名字所欺骗，因为并非所有的 Google Cardboard 设备都是用硬纸板制成的。虽然有很多 Google Cardboard 产品确实是用硬纸板制成的，但也有一些厂商，如 Homido Grab 和 View-Master VR，选用了更坚固的材料。这些产品通常会打上“兼容 Google Cardboard Google Cardboard 认证”的标签，这意味着它们符合谷歌制定的 Google Cardboard 规范。

如表 2-1-2 所示，是市售部分“移动型”VR 头显的对比。为“移动型”VR 产品制定简单合适的规格很困难，因为每副 VR 头显都可以支持多种移动设备，所以根本无法用同一种规格来规范它们。

表 2-1-2　“移动型”VR 头显对比

	Samsung Gear VR	Google Daydream	Google Cardboard
平台	Android	Android	Android，ios
体验模式	固定式	固定式	固定式
视域	101 度	90 度	可变 90 度
分辨率	1440×1280 Super AMOLED	可变（最高 1440×1280 AMOLED）	可变
重量	0.76 磅（约 0.34kg，不含手机）	0.49 磅（约 0.22 kg，不含手机）	可变（0.2 磅，约 90g，不含手机）
刷新率	60 Hz	可变（最低 60 Hz）	可变
控制器	触摸板，单动手柄	单动手柄	单按键

如表 2-1-3 所示，为 VR 头显销量统计。搞清楚这些一般类别之后，我们再来看看到目前为止提到过的各种 VR 头显的总销量和市场范围。由于没有哪家公司会大肆张扬自己的真实销售数字，所以表 2-1-3 中的数字源自 Statista 截至 2017 年 11 月的预测报告。在 Statista 的表中，Google Cardboard 的数字明显高于其他产品。这是因为报告只有两年的数据，而 Cardboard 在此之前早就活跃在市场上了。根据谷歌自己的报告，截至 2017 年 2 月，Cardboard 的全球出货量已突破 1000 万。

表 2-1-3　VR 头显销量统计

设备	销量
HTC Vive	135 万
Oculus Rift	110 万
Sony PlayStation VR	335 万
Samsung Gear VR	820 万
Google Daydream	235 万
Google Cardboard	超过 1000 万

令人惊讶的是，Google Cardboard 的低质量体验似乎并没有为普及率带来负面影响。在 VR 头显的市场竞争中，Google Cardboard 显然已经成为赢家。三星的 Gear VR 在中端市场表现强劲，Google Daydream 和 PlayStation VR 的销量也还不错，但与 Google Cardboard 和 Gear VR 相比，它们的普及

率还是不占优势。HTC Vive 和 Oculus Rift 则牢牢占据着高端市场。

消费者常常更倾向于通过廉价的选择（如 Cardboard）涉猎 VR 领域，这一点丝毫不会让人震惊。对于不了解的技术，消费者在做出购买决定之前显然更为谨慎，只有那些最前卫的买家才会选择更昂贵、更高端的 VR 设备。

但是，这些销售数字对 VR 的未来究竟意味着什么，值得我们思考。虽然数字看上去都还不错，但与游戏主机之类的其他技术的普及率比起来还是有很大的差距。我们来对比一下，PlayStation 4（玩转 PlayStation VR 所必需的游戏主机）在开售后 24 小时内销量就达 100 万台。

此外，鉴于低端和高端 VR 头显的销量之间目前存在极大的差距，我们应该考虑一下这种情况，即在通过低端产品首次体验 VR 的消费者中，最终会有多少人升级为高端设备的用户。“移动型” VR 产品的销量会不会真正地吃掉这一代高端 VR 产品的销售额，并在无意中对未来的 VR 销量构成危害？

可以预见的是，低端 VR 头显给广大用户带来的体验当然也是低端的。Cardboard 有一个崇高的目标（通过获取尽可能多的用户，将 VR 体验平民化），但这样的销售策略也可能使用户认为，他们在 Cardboard 中获得的体验完全代表着当前 VR 的技术水平，而这可就大错特错了。即使像 Daydream 和 Gear VR 这样的中端产品，也提供不了 Vive 或 Rift 同等水平的沉浸感。本章后面将深入探讨这个潜在问题。

四、当前暴露的问题

虽然消费级 VR 产品已变得越来越轻量、廉价和精致，但仍有很多技术障碍需要克服，之后才能真正发掘出大众消费市场的潜力。幸运的是，过去几年里人们对 VR 与日俱增的兴趣吸引了大量的投资，所以这些问题一定会很快得到解决。下面的内容是 VR 目前面临的主要问题，同时也给出了一些公司的解决方案。

（一）“纱窗效应”

如图 2-1-13 所示，是 VR 中的“纱窗效应”，看上去非常夸张（实际的“纱窗效应”是以像素为单位发生的，此处未显示）。当用户的脸部距离显示屏很近时，会发现像素之间存在着明显的网格。

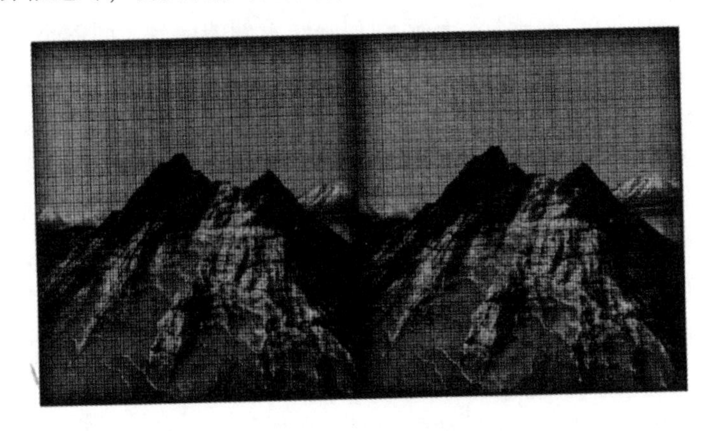

图 2-1-13　VR 中的“纱窗效应”

戴上老款的 VR 头显（或者在售的手机型 VR 产品）近看屏幕上的图像。根据不同的分辨率，我们会注意到画面的像素点之间有某种“线”存在。小朋友会发现，离老式电视机太近的时候也会看到同样的东西。这种现象被称为“纱窗效应”（Screen-door Effect），这与隔着一道纱门看世界很像。如今的电视机分辨率超高，这个问题早已不复存在，结果它在一些 VR 头显上重现了。

这种效应在分辨率较低的显示屏中尤其明显，如本来就不是用作 VR 设备的老款头显和一些智能手机，因为用于 VR 的屏幕与鼻子只有几英寸（1 英寸=2. 54 厘米）的距离，同时显示的内容还会被光学镜头放大。

为了解决这个问题，人们提出了各种各样的建议，例如，LG 建议在屏幕和镜头之间放置“光漫射器”，尽管大多数人都认为真正的解决方案是更高分辨率的显示屏。就像电视一样，高清显示屏应该能减少“纱窗效应”，但是这需要更强大的处理能力。与模拟器晕动病一样，硬件越强大，产生这种效应的可能性就越小。“纱窗效应”可能会在下一代或下一代的下一代 VR 头显中成为历史。

（二）模拟器晕动病

早期的 HMD 用户普遍对其引发的晕动病（也叫“运动眩晕”）怨声

载道。仅此一个问题就足以毁掉早期的大众消费级 VR 产品，如 Sega VR 和任天堂的 Virtual Boy，而且这个问题至今仍困扰着头显的制造商。

晕动病是内耳前庭感觉到的运动和眼睛看到的信号之间的不一致带来的。因为当人脑感觉到这些信号不同步时，会假定身体出状况了，要么是中毒，要么是疾病。这个时候，大脑会让身体做出头痛、头晕、迷失方向感和恶心的反应。使用 VR 头显会诱发这种根本没做任何运动的晕动病，研究人员称它为模拟器晕动病。有很多办法可以对抗模拟器晕动病，包括一些非常规办法。美国普渡大学（Purdue University）计算机图形技术系一项研究表明，为每个 VR 应用程序添加“虚拟鼻子”有助于提高用户的稳定感。Virtualis LLC 公司正在研究如何把“虚拟鼻子”商业化，还给它起了个名字“Nasum Virtualis”。把“虚拟鼻子”嵌入到用户的视域中作为固定的视觉参照点，能对 VR 晕动病起到缓解作用。其实我们在生活中是能看到自己的鼻子的，只不过常常没意识到而已。同样，根据 Virtuais 的研究，大多数用户甚至也没注意到 VR 中的“虚拟鼻子”，但他们的晕动病严重程度下降了 13.5%，花在模拟器上的时间也有所增加。

如图 2-1-14 所示，是“虚拟鼻子”在 VR 世界中的样子。

图 2-1-14　利用“虚拟鼻子”预防模拟器晕动病

其实，解决模拟器晕动病最有效的方法是将头显响应用户动作的延时降至最低。在现实世界中，我们的头部运动和对周边环境的视觉反应之间是没有延迟的，所以，在头显中重现那种无延迟感至关重要。

随着 VR 用户数量在低性能移动型设备上的暴增，让头显显示尽可能高的 FPS（Frames Per Second）比以往任何时候都更加重要。这样做可以使头显中的视觉效果与用户的动作保持同步。以下是在开发或使用 VR 应用程序时防止模拟器晕动病的一些其他建议。

（1）确保已调整好头显。如果在使用头显时虚拟世界看起来很模糊，那么很可能需要调整头显。大多数头显都允许用户调整松紧度和眼距，以消除模糊。在开始 VR 之前，请确保装置已调好。

（2）坐下来。对有些人来说，坐下来的稳定感有助于他们克服晕动病。

（3）保持文字清晰易读。在 VR 世界遇到小字不要去读，也不要写，如果一定要用文字来表达，越短越好（每次就几个词最好）。

（4）不要做出其不意的动作。编写程序的过程中不要无缘无故地移动摄像机。除非用户自己移动或触发互动的时候，否则不要让用户感觉到动作。

（5）不要加速。移动虚拟世界的摄像机是有可能不引起晕动病的，前提是动作一定要稳。如果一定要让用户移动，避免加速或减速。

（6）永远跟随用户的动作。请勿逆着用户的动作方向操作摄像机，跟踪用户的时候也请保持跟随头部位置。用户的视域必须一直随着头部动作走。

（7）不要使用固定视图的内容。固定视图的内容指那种不会因视图变化而变化的内容，如屏幕中央的弹窗通知或是平视显示器（HUD，Heads-up Display），这在 2D 游戏中相当普遍。但固定视图确实与 VR“水土不服”，因为在现实世界根本没这一东西，所以无法让用户习惯。

随着设备的性能越来越强，那种因低 FPS 带来的模拟器晕动病理论上会越来越少。设备的性能越强，就越能保证在视觉和动作两方面让虚拟世界与现实世界同步，从而减少模拟器晕动病的主要成因。

然而，虽然现代计算机的运算能力远远超过了那些老掉牙的机器，可软件往往比 20 年前的游戏运行得还慢，那是因为硬件越强大，我们想从它们身上获得的就越多——更好的视觉效果！屏幕上更多的东西！更大的视域！更多的特效！了解模拟器晕动病的潜在原因有助于我们解决这些问题。

（三）移动与虚拟现实

在 VR 的数字环境中移动依然是一个问题。像 Vive 和 Rift 这样的高端头显，可以让用户在房间大小的空间里实现动作捕捉，但也仅限于这么大。要想得到更好的效果，要么需要应用程序内置某种运动机制，要么需要配备大多数消费者负担不起的专用硬件。

VR 中的远距离移动很可能会成为始终伴随应用程序开发人员的逻辑问题。即使采用了前面列出的解决方案，用户在 VR 世界的移动若是与身体的动作不同步，也会引发某些用户的模拟器晕动病。即使确实存在全向跑步机可以跟踪每个用户的运动，也会有很多人并不愿意走那么长的路，况且身体不太健全的玩家根本不可能长距离步行。移动，是硬件和软件开发人员需要合作解决的问题。目前已经有了一些办法。

（四）VR 市场问题

最后，让我们来看看整个 VR 市场。“移动型” VR 产品（特别是最便宜的 Google Cardboard）比高端头显的市场占有率要高很多。也许理由很充分。对于消费者来说，购买低端移动型 VR 产品只需要 20 美元，比购买高端系列要少花数百美元。

可想而知，低端产品只能提供低端的体验。用户可能瞧不上低端 VR 系统，觉得它们比玩具强不了多少，甚至认为它们代表着目前的 VR 技术水平。如果真是这样的认知，那么离真相就真的是太远了。从长远来看，低端产品的普及会不会损害 VR 的普及，蚕食掉整个市场的份额？

低端产品的销售数字可能会使一些公司突然警惕起来。许多厂商似乎打算在下一代 VR 产品上力推分级策略，为不同的消费者提供从低端到高端的不同体验。例如，Oculus 的联合创始人 Nate Mitchell 在接受“科技博客网”（Ars Technica）采访时声称，Oculus 的下一代消费级头显将实行“三级策略”，低端的 Oculus Go 单机于 2018 年发布，紧接着发布中端的 Oculus Santa Cruz。同时，高端的 HTC Vive Pro 也已经发布，单机版的 HTC Vive Focus（在中国发布）更多地关注中端市场。

从长远来看，可能会有足够广泛的市场基础来支撑 VR 的层级细分。随着下一代头显的出现，静观哪些厂商能在最大程度上赢得消费者的青睐，是一件很有趣的事情。而在不久的将来，中端的移动型 VR 设备可能会迎来增长，而外置式的高端产品则专注迎合高端玩家的需要。高端玩家虽然人数不多，但愿意花更多的钱来享受 VR 所能提供的最佳体验。

（五）潜在的健康风险

健康风险可能是 VR 最大的未知问题。Oculus Rift 的健康和安全指南是不建议孕妇和老人使用的，身体太疲倦或患有心脏病的人也最好不要用，否则很有可能会遭遇严重的晕眩或黑视，病情也可能突然发作，真的很吓人！VR 对健康的长期影响也存在很大的未知数。目前，关于长期使用 VR 头显会对视力和大脑造成何种影响，尚未进行彻底的研究。

初步的研究结果表明，大多数对健康的不良影响是短期的，问题不大。然而，随着用户在 VR 空间中的驻留时间越来越长，需要从各方面进一步研究 VR 的长期影响。

与此同时，VR 制造商似乎对此持谨慎态度。正如英国人类和人因工程学特许研究所（Chartered Institute of Ergonomics and Human Factors）所长 Sarah Sharples 在接受《卫报》采访时说："VR 绝对有可能存在负面影响。虽然保持小心谨慎是最重要的事情，但也不能让它阻碍我们发掘这项技术的巨大潜力"。

五、虚拟现实 APP 设计面临的复杂性与挑战性

（一）复杂性

模拟出反馈灵敏并且真实度高的 3D 世界，让用户实现真正的 3D 交互并非一件易事。越来越多的 APP 设计者期望虚拟环境可以尽可能地接近真实环境。某些工业虚拟现实应用需要高逼真的环境、演变、对用户的交互反应以及最终的自主性。

1. 物理模型和碰撞检测

为了以最可信的方式模拟真实环境，必须详细描述构成这些环境的实体（例如物体、人）以及实体的行为。为此，我们将使用不同的物理模型（例如光、位移、冲击）来呈现不同程度的复杂性，其中包括物理现象的

模型，使确定与此现象有关的方程式成为可能。这一步骤也提供了一组必须以近似的方式解决的非线性微分方程，因为通常没有可解析的方法来解决它们。实时模拟运动方程，以整合用户对系统的作用和现象本身的演化规律。“实时”模拟器是一个棘手的问题，因为它引入了对性能和模型简化的限制，以及精度与响应时间精度的对比。实际上，所采用的迭代解决方法（隐式或显式积分模式）基于时间步长的概念，时间步长可能是固定的或可变的，具体取决于应用的方法。因此，时间步长经常受到数值稳定性的限制。它在实践中通常没有 APP 设计者希望的那么大。“实时”被定义为要求模拟的计算时间必须低于时间步长的值。如果由于数值稳定性的原因，时间步长很小（例如 1/1000s），那么就计算时间而言，机械系统将需要处理至少每秒 1000 次的计算。

在可以模拟的物理现象中，我们发现以下内容：

（1）固体力学：当前的模拟技术允许与物体的实时交互，无论这些物体是自由刚体，还是多关节固体，甚至可变形固体，只要这些物体是“合理”的。

（2）流体和颗粒：流体管理带来了更高的复杂度。然而当流体分解成颗粒时，仍然可以实时处理。

（3）拓扑变化：拓扑的实时变化，例如变形的对象，可以考虑关联几个特别有效的模型。基于对象的内部振动方面的模态分析和用于在设备内传播裂缝的算法发挥了重要作用。如图 2-1-15 所示，模拟器对由虚拟锤子的碰撞引起的相互作用做出反应。

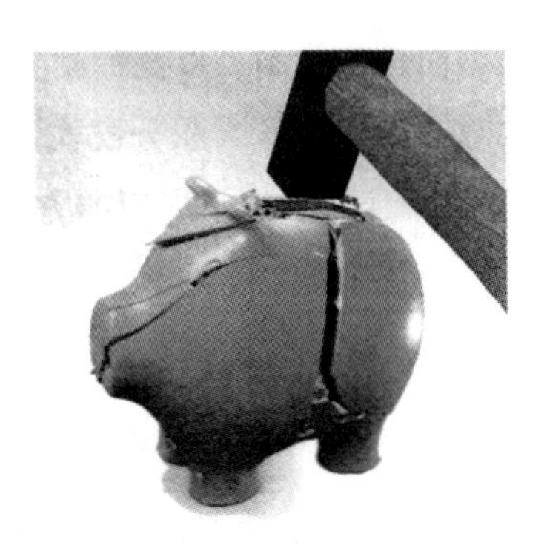

图 2-1-15　材料中的交互断裂

改变材料状态：单一的粒子模型，例如 SPH（平滑粒子流体动力学），使得在与场景中物体的双手触觉交互过程中可以确保材料从流体状态到固体状态实时移动的连续性，如图 2-1-16 所示。

图 2-1-16　材料中的交互断裂

另一个相当大的问题是，在场景物体移动时检测它们之间的碰撞。事实上，在现实世界中，这些碰撞是由物体的性质“自然”控制的。一般来说，当两个刚体相碰时，它们的运动状态发生改变（改变运动的速度和方向）或者变为保持静止状态。例如，在橄榄球比赛中，前锋踢出的球从杆上反弹。这个问题是一个纯几何问题，其目的是避免虚拟场景中物体之间的相互渗透。在模拟的每个时间步骤中，碰撞检测器必须能够传送所有互穿对象，以便向物理模拟器提供允许其阻止此互穿的数据。检测碰撞的主要问题是物体的自由组合。实际上，由于任何对象都可能会与所有其他对象发生碰撞，最初略显幼稚的方法提出，测试每个对象相对于所有其他对象的相互渗透，这导致了 $O(n^2)$ 的自然复杂性。这种复杂性非常糟糕，所有使用优化算法的目的都是为了降低这种复杂性。

尽管物体可以用一种简单的方式表达，但根据物体和所提出问题的性质，这个问题仍然有许多变体，从而有不同类型的解决方案：

（1）离散检测与连续检测：在所有离散方法中，该算法应用在固定时间内，不关注时间间隙发生了什么。这些方法非常快速，可能会忽略某些演绎。相反，连续的方法关注精确的碰撞时刻，这可能会影响模拟时间步长，这种策略特别适用于避免物体之间的所有穿透以及需要高精度时。当然，这样做的代价是计算时间更长。

（2）凸对象与非凸对象处理：凸对象是这样的，对属于对象的任何一对点，连接这对点的线段完全包含在对象中。这种特性使实现简单、快速的算法成为可能，以确保碰撞检测。对于非凸对象，有两种策略是可能的：要么将对象分割成一组凸对象，这样我们得到一个简单的情形，要么我们使算法更复杂，以便考虑到非凸性。

（3）两体问题与n体问题：在两体问题中，一个对象是移动的，另一个对象是固定的，这大大简化了n体问题，其中所有对象都是如此移动的。

1993年，Hubbard提出分解算法，以管道的形式检测碰撞。这种分解在科学文献中被广泛使用，如图2-1-17所示。宽相位就像一个过滤器，可以快速消除不能进入碰撞的对象对，它通常基于快速计算包含体积（包含对象）之间的交点。窄相位通过定位可能发生碰撞的物体来执行更精确的计算。而精确相位则对穿透进行非常精确的几何计算。在最新的方法中，后两个步骤被组合成一个单独的步骤，称为窄相位。

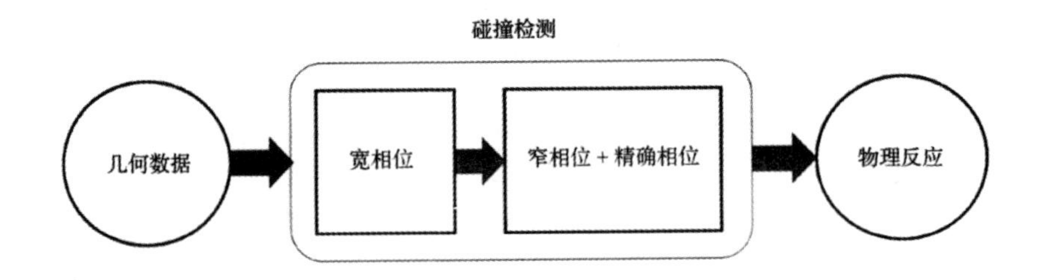

图2-1-17　检测碰撞的步骤

正如上文提到的与碰撞检测有关的科学文献证明的那样，这个问题并不新鲜，关于这个问题的文献很浩繁。然而，GPU（图形处理单元）的出现给这个问题提供了一个新的观点。虽然这些处理器最初只用于图形处理，但随着时间的推移，它们变得可编程（GPGPU：图形处理单元上的通用处理），并可用于各种计算，提供高水平的内在并行性（将计算分解为独立的子计算的可能性）。我们发现碰撞检测本质上是高度平行的。实际上，每个基本计算（例如计算两个几何基元之间的交点）都独立于其他计算。因此，我们将研究使用GPU对处理过程中两个主要步骤的影响。宽相位的 GPU 解决方案：Avril 等人建议考虑在 GPU 上计算三角形矩阵路径对对象进行分配，随后 Navarro 等人对此进行了概括。Le Grand 使用常规网格和散列函数基于空间细分对对象进行了修改。每个对象存储包含该对象的单元格的哈希键。因此，存储相同键的对象可能在交集中。基于分类法，对扫描修剪算法的 GPU 实现是在单个分隔轴上采用的一种适应于 GPU 的分类算法。

窄相位的 GPU 解决方案：Lauterbach 等人提出一种在 GPU 上基于周围卷（有界卷层次结构或 BVH）的层次结构的方法。该方法以高度并行的方式在层次结构（实际上是树）上实现几何基元的分配，然后以并行方式计算绑定层次结构的新卷。通过比较两种层次结构进行碰撞试验。为了在计算开始时最大限度地提高并行性，该算法利用时间相干性，将计算结果重复用于检测前一时间步长中使用的碰撞。在这种方法中，跨 GPU 单元的任务分配是基于缓冲区的，通过 flux 的形式在层次路径中写入新任务，该分配得到了改进。最后，使用哈希技术用于宽相位的空间细分，使得在窄相位获得高性能成为可能。最近，Le Hericey 等人提出了碰撞检测管线的新版本和修订版本，其中使用光线跟踪算法可以优化计算（迭代光线跟踪与否）。此外，还对相对位移测量进行了专门的工作，以优化使用时间相干性。这个算法原理适用于刚性和可变形的物体。

如图 2-1-18 所示，给出了建立碰撞试验的两个案例研究：（1）一组物体同时落在一个物体上，碰撞的数量急剧增加；（2）逐渐增加物体以形成一个堆，碰撞的数量有规律地增加。在这两种情况下，GPU 计算可以获得高于 60Hz 的性能。

图 2-1-18　512 个物体同时落在一个平面上

如图 2-1-19 所示，显示了 GPU 计算结果，它与变形系统进行了双手动交互（折叠一段布料），其中存在许多自碰撞。

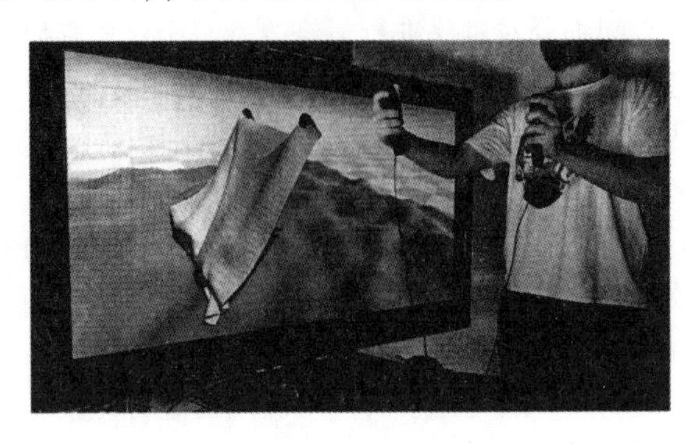

图 2-1-19　与不规则表面上的布料的相互作用

2. 填充 3D 环境

从单个虚拟对象扩展到场景中复杂多样的虚拟对象

（1）介绍

一个 3D 环境中可能会有不同形状和不同需求的虚拟对象。因此，在一个城市的街道上可能存在着完全不同的对象。例如，在城市布局研究的背景下进行模拟时，特别是在多式联运的交通运输中，和在需要填充场景背景的电影中（图 2-1-20、图 2-1-21）。对于一家工厂来说也是如此，无论是研究未来大型喷气式飞机装配链的运作方式，还是 Monsters 公司的平面图。同样，约束也不同，这取决于你是在为 VR-AR 填充一个交互式虚拟世界，还是在为一个高预算电影填充背景：在第一种情况下，现实生活中的要求将对角色的质量及其渲染产生显著影响，而在第二种情况下，其标准是为视觉特效分配的预算。

Brian Thomas Ries 在他的工作中强调填充建筑类对象的空间将减少虚拟现实中低估距离的情况。Chu 等人研究如何考虑社会行为对模拟器的认识。Haworth 等人研究如何考虑建筑空间中的人群运动，以优化支撑柱的位置。

图 2-1-20　Digital District 在 Roland-Garros 的重建工程实例

图 2-1-21　Union VFX 在电影《跑调天后》中拍摄的街景

尽管目标不同，但某些功能是普遍的。因此有必要通过身体特征（如形态、年龄、舒适度、穿着、使用的饰品）来描述人群。一旦创建了身体封套，就必须允许他们在环境中执行一定数量的任务，这些任务的性质和内容将因模拟行为的类型而异：Paris 和 Donikian 展示了不同行为水平（生物力学、反应、认知、理性和社会）的行为金字塔和相关任务（图 2-1-22）：根据填充函数的目标，这个金字塔全部或部分可以发挥作用。

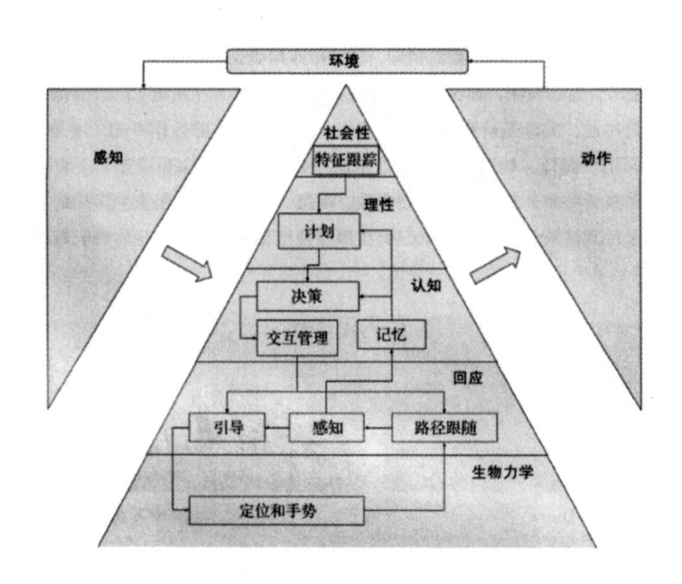

图 2-1-22　行为金字塔

（2）如何填充 3D 环境

许多研究都致力于导航任务：管理一个对象朝一个确定的点移动，同时避免静态和动态障碍。我们可以识别几种模型：基于粒子的、细胞机器、预测几何、代理等。

其中一些模型会面对来自现场、实验控制或视频采集的数据。需要注意的是，Wolinski 通过尝试优化每个算法对于数据集的参数，比较从文献到实际数据的几种算法的行为。

他的研究并没有指出哪一个算法比其他研究案例更有效。Kok 等人提出了一个概述，其中包括对基于物理学（基于粒子的模型）和生物学（基于规则和启发式的行为）的绘制行为的参考库基础分析以及使用视频观察和基于视觉的算法进行的行为分析。奥利维尔等人提供了在实验方案中使用 VR 的总结，以便更好地理解人群中的人类交互。卡索尔等人用四层夜总会疏散的地面数据使用他们基于规则的模型。奥利维尔等人已经表明在避免路径交叉时两个人之间的行为不对称，并且在交互过程中突出了不同的角色。Rio 等人研究了行人的驾驶特征，并考虑了其他人的行为：Gandrud 等人在 VR 中进行了实验，这种实验倾向于显示凝视方向和头部方向以及行人选择方向之间的联系，这些信息可以通过所选路径自动管理头部来帮助增加角色动画的真实感。

Karamouzas 等人提出了一项法则，管理对象之间的相互作用。该法则是基于来自实验环境（瓶颈，在行人专用区中穿越）的真实轨迹数据分析而构建的。鉴于所研究的案例数量很少，这绝不是一项普遍规律。然而，作者和其他人假定这样的法则必须建立在所估计的碰撞时间及速度上，而不仅仅取决于与障碍物的距离，与基于位置的模型相比，基于速度的模型的优势在于，它们能够整合预期的概念以避免碰撞，因此能够以更加现实的方式管理具有较低或非均匀人口密度的情况。

最初的研究重点是在避免制订碰撞策略时考虑社会群体。他们研究了其他类型的群体行为，包括形成运动和一个群体中的情绪感染。为了验证模型，Bosse 等人试图重现（使用视频）2010 年在阿姆斯特丹发生的大规模恐慌事件。他们对其进行了长时间的分析，重点关注人群中的某些人以提取随时间的路径和行为，这样他们就可以进行模仿。随后，他们使用校准方法，根据真实轨迹和建模轨迹之间的距离确定每个代理参数的最佳值。这些模型的缺陷是：根据个体是感染源还是易受感染者将其分到不同的组别。这与社会心理学中的情绪感染的定义不相容。实际上，在情绪下每个人都是持续感染和被感染的。此外，建模和校准模型的复杂性使它们在成千上万的人群中无法运转。

模拟人们在环境中四处走动必须执行的另一项任务是规划路线。需要以导航网格形式的环境拓扑表示：以路线图互连的一组凸多边形形式的空间表示可以将权重与单元关联以指示最常去的移动区域（例如，行人路径）。此外，路径的计算是使用算法区域其众多衍生物之一进行，这些衍生物可以进行分层规划或管理动态环境。

如果人群的目标仅仅是在用户虚拟导航时使模型动态化，那么在循环中随机填充轨迹是可以接受的。K. Jordao 建议通过编辑和组装人群补丁以填充城市环境，其中人物遵循预先计算的轨迹，从而降低导航时的计算成本。

另一方面，如果目标是研究城市空间尺度上的现实行为的建模，那么我们需要编写填充空间的角色活动，或拟人化模型和本地化活动完整的脚本。

为了模拟比避免障碍的简单随机运动更复杂的行为，必须通过环境来为虚拟人提供与环境交互的能力。例如使用ATM或阅读路标。我们还须模拟人群中每个人的全部或部分形象（例如目标、知识、能力、情感模型）。

因此，Paris等人模拟了车站中旅行者的活动。根据个体目标的实现（在Y点钟赶上X号列车）和特征（已经购买或未购买的车票），在车站的某个人口处对人群中的每个实体进行创建。根据他们对空间的了解程度（当他们四处移动时更新的状态）更新可实现动作的列表，以允许他们前进完成最终任务。开始旅行者必须收集一张票，然后检票，在他们的火车将离开的站台上获取信息，并且对于每个活动旅行者都要在所有设施中确定最适合完成该任务的可用地点（图2-1-23）。

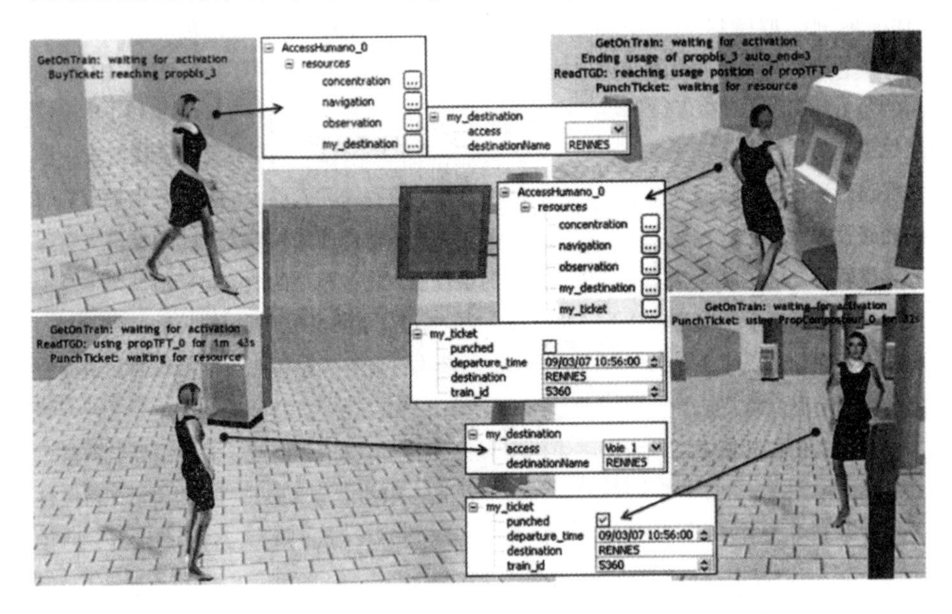

图2-1-23　与环境交互对虚拟人物目标和内部状态的影响

C. J. Jorgensen研究模拟一个城市居民的长期活动，这需要在已知环境、要执行的任务、与实现活动相关的时间限制之间建立联系。Trescak等人建议将人群中的行为建模减少到几个典型的角色，并通过基因交叉传递获得整个人群的行为。他们将此应用于模拟古城的行为。

Durupinar等人在Unity 3D软件环境之上构建了一个软件架构。通过使用仪器OCEAN（开放性、尽责性、外向性、愉快性、神经性）模拟成员的某些心理特征并集成在一起，使用OCC模式进行情绪管理，并使用PAD

模型选择动作，外部事件将被人群中的某些成员感知，并通过情绪感染机制传播。

（3）结论

尽管大家总是围绕在某些研究项目上，没有用来控制人群行为和动作的通用模型。有条不紊地确定每个模型的有效性是有用的，这能避免之后的用户进行错误的尝试。困难之一在于正确校准模型，或者相对于地面数据校准模型，或者获得期望的效果。

另一个挑战是将基于动力学、动力学的运动模型与决策层发出的命令正确耦合，而不会产生伪影。例如，脚在地板上滑动，这构成了与计划轨迹的偏差，或者在给定时刻不遵守期望的速度，甚至加强加速的不合理性。

关于共存真人与虚拟人之间的相互作用，VR 还有许多工作要做。另一个重点领域是考虑除视觉之外的其他感官方式，特别是整合局部和空间化声音。与 IEEE VR 会议联合举办的“虚拟人群和沉浸式环境人群”研讨会很好地说明了正在探索的研究课题的多样性和多学科性质。

关于真实人类在与虚拟世界中的虚拟人互动时的所有运动和行为是否具有合理性也总是需要改进。在大型购物中心或体育场的规模上处理现实人群的问题需要成功地扩展当前算法。对于城市中的邻域更有必要将这些算法与专用于交通仿真的算法相结合。所有在评估和验证模型方面所做的工作都必须延长和放大。北卡罗来纳大学参与了一项有趣的计划：他们提出了一种开源模块化方法，称之为 Menge，其目的是提供一个独特的实验来测试和比较软件架构中的单一组件，致力于模拟人群。

3. 实现 3D 自然交互的困难

（1）介绍

人类在真实的 3D 环境中移动时，使用他们身体的部位是完成日常任务所必需的：普通任务（例如前往办公室、整理或烹饪）以及在性能方面要求更高的任务（例如运动、舞蹈或音乐）。尽管如此，交互任务本质上是困难的，性能和技能获取需要数月甚至数年的练习。实践和知识将复杂的交互转化为自然行为，使其变得直观。目前，由于手和身体跟踪的低成本解决方案的普遍可用性，基于手势的界面越来越受欢迎。这些接口有时称为 NUI（自然用户界面），旨在使用我们的隐式知识和先验的真实 3D 交互来生成直观的用户界面。这些用户界面可以在很少或没有训练的情况下使用，并且对用户是透明的。然而，设计适合虚拟环境的自然 3D 交互技术仍然是一个难题。与真实交互相比，除了触觉交互之外，用户在自由空间中进行交互，没有物理约束，也没有多感官反馈。实际上，触觉和触觉反馈很少可用，并且由于显示技术的限制，3D 空间感知可能会变形。例如，眼睛聚焦一调节冲突可能导致距离被低估或高估。这些限制可能会增加用户的物理需求并对灵活性有更高需求。例如在可以稍微改变距离感的交互中，用户需要连续地校正它们的移动以便补偿空间感知误差。用户捉有的任何先验知识都无法再应用。这阻碍了整个交互过程。在设计 3D 用户界面时，必须考虑感知—动作周期以及用户的先验知识。此外，该界面还需要额外的学习才能达到预期的效率。

在设计新的交互技术期间，必须完整地考虑感知—动作周期。这个周期（图 2-1-24）可以分为几个阶段：①用户从虚拟环境接收多感官反馈（感知）；②用户决定并计划希望执行的活动（认知）；③用户执行计划的活动（动作）；④系统解释并执行用户的活动（命令）；⑤执行这些命令会产生额外的反馈。这就完成了循环。

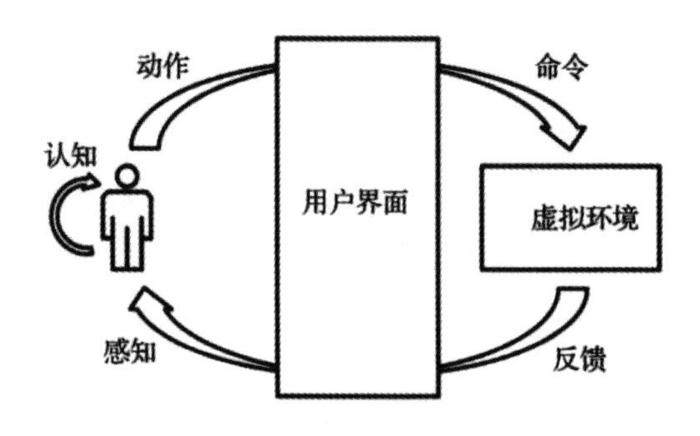

图 2-1-24　感知-动作周期

（2）交互下的感知—动作周期

在设计新的交互技术时，必须考虑交互周期中的所有步骤，确保交互技术匹配良好。交互技术的设计者必须首先确保动作—命令耦合与强大而明确的法则管理之间存在一致性，其次，有反馈（反馈和感知）将确保用户具有良好的虚拟环境的心理表示。

来自虚拟环境的反馈（例如视觉、听觉或触觉反馈）必须确保用户知道虚拟环境的当前状态和他们自己的动作（感知—动作反馈），并且为表示尊重他们自己的感知信道，提供的反馈必须是准确和完整的。用户执行的动作由虚拟环境的感知构造引导，如果这种结构错误或不准确，将导致错误或不准确的行为。因此，感知信息的优点是它是原始的。实际上，对虚拟世界中的空间布局（大小、距离）和相互关系的精确感知是任何空间任务（例如，估计距离、处理对象）的关键。虽然当前的实时反馈系统能够提供空间视觉提示（例如透视投影、遮挡、光照、阴影效果、场效应深度），但是在沉浸式系统中，尺寸的距离和感知经常是偏斜的。

沉浸式显示器的性质对交互过程额外有影响。在非阻碍性显示系统（例如，基于投影的系统）中，用户受到物理显示的约束，并且对呈现正视差的任何对象没有激活直接交互。此外，用户自己的身体可能会遮挡更近的虚拟对象（图 2-1-25，左）。通过尝试获得具有负视差的虚拟对象，用户的手可能遮挡该对象的投影，从而增加错误选择的风险，尤其是对于小物体。在这种情况下很少提供触觉反馈。当谈到突出显示时，我们必须提供用户身体的虚拟表示，如果没有正确跟踪用户的身体，本体感受信息将与虚拟化身冲突，这可能会阻碍交互过程（图 2-1-25，右）。此外，突兀的屏幕更可能引发模拟器疾病（也称为“晕动症”）。

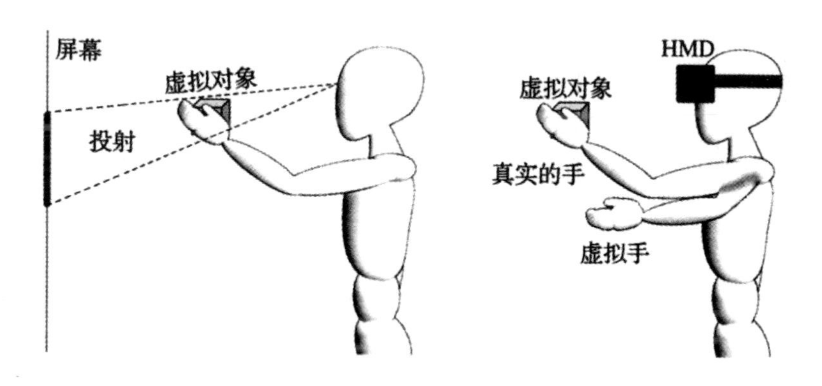

图 2-1-25　潜在感知不匹配的例子

如图 2-1-25 所示，左图在基于投影的系统中由于可以遮挡屏幕中虚拟对象的投影，所以呈现负视差的对象可能被真实对象（用户的手）错误地遮挡。右图，在突出显示中如果用户的身体没有被正确跟踪，本体感受

和视觉通道可能不同，这将需要电机重新校准

（3）交互和动作—命令耦合

为了提高 3D 交互的效率并能提供适当的反馈，3D 接口必须提供良好的动作—命令耦合。在设计交互技术时，必须考虑人的控制能力。由于自由空间中的交互是复杂的、不精确的，可能导致极大的疲劳，最小化同时控制的自由度成为一种基本的设计原则。自由度越大，用户就越难以有效地控制它们。不过另一方面，增加自由度对于有经验的用户来说是有益的。在这种情况下，用户通过学习可以极大地改善初始操控能力。交互技术和外部输入设备之间符合人机相合性原则也可以提高操作的效率。例如，如果外部输入设备不受限制，那么使用具有六个自由度的外部输入设备来执行需要较少自由度的任务可能成为混淆的原因。这可以通过以下事实来解释：输入装置未使用的自由度的变化对于用户是不可见的，这导致不平衡或动作感知不连贯。最后，可以使用附加传递函数来调整命令和显示器上的运动之间的增益（CD 比率）。精心设计的传递函数可以超越人类控制的限制，提高精度并减少用户疲劳。然而，不同的交互场景可能需要不同的传递函数，这需要临时进行调整。

（4）总结

无论如何，我们不能忘记用户特征：人的需求和限制。实际上，对于一个用户来说自然的 3D 交互技术对另一个用户来说可能不自然。首先，用户具有个人偏好、不同的专业水平、以不同的方式执行操作：因此，他们需要适应其技能或特定训练场景的选择或操纵技术，除了动作—命令和反馈—感知耦合之外，用户操作还必须生成额外的反馈，以允许了解操作对系统的影响。如果反馈是明确的，那么它就可以在交互层面上进行评估，交互设计者会考虑这些需求和限制，以便为用于特定目的用户提供最适合的 3D 界面，但对于通用 3D 交互体验的追求仍然是无法实现的。

4. 合成触觉反馈的困难

（1）问题

触觉反馈（来自希腊语 haptomai，“我触摸”，一个涵盖所有动觉现象的术语，即力量感知、身体在其环境中的感知以及触觉现象）在 VR 环境的用户沉浸中起着至关重要的作用。实际上，如果作为运动捕捉系统的命令设备可以直观地控制身体的运动，用户将被投射在不可触知的虚拟世界

中并将无法精细地控制施加在被操纵物体上的能力。然而逼真的触摸模拟难以实现，这出于各种原因：

①各种可能的手势交互。我们可以列出6种用于识别周围对象（形状、体积、重量、硬度、纹理和温度）的探索方法和超过30种用于抓握和操纵它们的握把，更不用说这些类型中没有包括的某些手势发生在除手之外的身体区域。

②感知触觉信息的多样性和丰富性。当我们触摸物体时，皮肤与其接触，然后随着施加的力增加，手指的接触面积增加。手指也局部变形，这取决于对象的形状和纹理，或者如果受到切向力，它可以横向移位，还可能受到整体或局部振动的影响。

③人体感觉器官的复杂性。它由大量不同的生理受体（Meissner小体、Merkel细胞、Pacini小体、皮肤水平的Ruffini神经末梢和动觉受体）组成，其空间扩展、频率和反应类型的灵敏度范围根据受体的类型而不同，反应也由中枢神经系统以复杂的方式处理（考虑到每个受体的神经活化峰的时间、数量和频率以及同一区域不同受体反应之间相关性的信息）。

④人的高灵敏度。通过在表面上运行指针可以检测几十毫牛顿的力，可以区分幅度介于几十纳米和几微米之间的纹理，一直到几百赫兹的频率。

⑤力量范围的重新设定。在某些姿势和方向上可达到几十千克，可以非常快速地应用这些力来模拟刚性物体（用户感觉到的刚度必须至少达到24200N/m，即使闭眼也能保持刚性才能给出令人信服的印象）。

（2）软件方面

在实践中，触觉反馈的合成首先需要模拟用户与环境之间发生交互时出现的现象。在现实世界中，这些交互受物理定律的约束，因此在虚拟世界中对这些定律进行模拟是有用的。然而真实地模拟和计算所涉及的现象是很难的，例如，表面黏附、变形、破裂和物体形态的其他变化。时间约束进一步加剧了这种困难。实际上，为了保证正确的触觉反馈，模拟必须以高频率（通常接近千赫兹）提供信息，否则将出现不稳定或者虚拟世界将显得柔软黏稠，没有质感。

在实时物理模拟领域，过去十年是视频游戏物理引擎的快速发展期：这种演变是私人经商者（尤其是NVIDIA和AMD显卡制造商）与视频游戏编辑合作并大量投资的结果。它还与电子卡的出现有关，这些电子卡匹配了 GPU 技术需要大规模处理的需求，这也产生了术语 PPU（物理处理单元）。

今天，我们发现了两个主要产品，一个是来自 NVIDIA 的 PhysX，它是一个免费的专有许可，另一个是 Bullet，最初是通过 AMD 后来在开源许可下发布。我们需注意，对于 PhysX 和 Bullet，刚体的模拟不受 GPU 上加速计算的影响，GPU 上的加速计算仅限于可变形物体的模拟，并且计算凹对象之间的碰撞是有问题的。基于独特方法，最近由 NVIDIA 推出的 FleX 可能会改变现状。但是确定这一点还为时尚早。总而言之，这些物理引擎为改善交互性，在很大程度上牺牲了结果的精确性。这符合视频游戏和虚拟现实共有的要求，但是，它对大多数专业应用来说都不适用。

三个物理引擎超越视频游戏体现了过去几年取得进步的基本要素：Chai3D、SOFA 和 XDE。Chai3D 最初是斯坦福大学的一个项目，后来成为一个独立的开源引擎。一个非常活跃的社会团体对它的研究做出了巨大科学贡献，今天它可以被认为是领域中最先进的实体。最后，Chai3D 支持市场上大多数触觉外部设备，并且易于使用。不幸的是这个引擎仍然无法处理凹对象。

SOFA 自称开源“框架”，由 CEMIT（波士顿）和 Inria（法国）于 2004 年初始化，其目标是为医疗应用提供实时仿真工具。开发人员非常重视结果是否有代表性。而且将许多模拟技术结合在一个库存充足的工具箱中：弹簧质量系统、有限元素等。支持一些触觉外部设备，但不支持第三方库且只有非常简单的模型。实际上，今天的 SOFA 只适用于数字模拟专家，在该领域尚未成熟。

最后，CEA Tech 正在开发物理引擎 XDE 用于工业应用，其特点是具有复杂几何形状的对象并对结果的精度有严格要求。真正让 XDE 脱颖而出的特点是精确接触模型的集成，并且自身考虑了复杂的运动学，例如在工作中模拟人类操作员的情况。

此外，在这个阶段有必要记住，实时物理模拟的问题有两个主要组成部分：一个是物体之间接触点的识别，通常被称为“碰撞检测”；另一个是固体力学和连续介质力学方程的整合，简称为“求解器”。在碰撞探测领域，Gabriel ZaChmann 领导的团队与 Rene weller 的（内球树）研究及其他研究有了重大的发展。weller 提出了球形填料方法，包括使用不同尺寸的非重叠球体排列填充物体。由于两个球体之间交叉点的检测与将它们中心之间的距离与它们的半径之和进行比较是相同的，因此检测物体之间的碰撞变得非常快速。关键问题是用球体填充物体。此外，weller 提供了一种有效的方法来实现这一点，那就是使用 GPU 进行加速。

最重要的一个方面是快速开发专用于控制机器人系统的自由软件平台，包括 ROS 和 OROCOS。这些软件解决了触觉反馈的问题，因为它们可以促进不同外部设备之间的互操作性。毕竟，触觉界面是需要控制软件的机器人。不是为市场上的特定产品开发的特定模块。在不久的将来，物理引擎将只提供与 ROS 的接口，外部设备制造商将不得不适应这一点。

（3）材料方面

触觉界面必须尽可能准确地重建模拟中的指令。在过去的几年中，已经开发了许多接口来实现这一点。无论过渡是在自由空间与接触触觉界面、间歇性接触的外骨骼手套、接触面积随施加压力的变化、整体形式的物体、振动之间，还是与被触摸的物体纹理之间。上述每种现象都需要尽力模拟。然而，这些接口是高度专业化的，不能同时模拟所有现象。此外，它们中的大多数只是在实验室的原型阶段，商业上可获得的装置和工业中使用的装置基本上是力-反馈接口，例如来自 Haption 的 Virtuose 系列。因此，我们将专注于这种类型的界面。

该领域的研究人员一致遵循那些标准以便有效地刺激触觉。用户至少了解它们的存在（我们说的是“透明度”）。这需要最轻的界面，尽可能减少摩擦，使用户可以在自由空间内移动。还需要算力、刚度和足够的带宽，以便我们清楚地感觉到障碍物的存在以及自由空间和接触之间的过渡。为了遵守这些标准，无论使用何种应用，在最一般的情况下，界面必须能够产生数百牛顿的力，表观刚度超过 24200N/m，分辨率为至少 1 微米的位置的力（这是因为，界面在体积为几立方米内测量用户整个身体的位置）。不幸的是，使用现有技术是不可能的，更不用说随着机器人与用户的持续接触而发生的潜在危险。

这样做的结果是，在实践中力-反馈接口要适合执行的任务。因此，Sensable Technologies 的 Phantom Premium 设备（最近由 Geomagic 收购，然后由 3D Systems 收购）是在 20 世纪 90 年代末开发的，用于有限力且仅沿三个自由度的低幅度任务。这种选择使得生成非常敏感的装置并广泛分布到实验室以研究触觉感知成为可能。在2000年和2010年，该系列产品得到了低成本批量生产的接口（Geomagic Zouch X，Geomagic Touch以及最近的Touch 3D Stylus）补充。该技术可以与直观的3D建模软件相结合设计。其他接口如Virtuose，包括21世纪初提供的Haption，六自由度的力-反馈以及与CATIA或Solidworks等CAD软件的耦合，它们广泛用于工程和设计中心。然而这些接口以及它们的竞争对手（例如Force Dimension公司的产品）都存在局限性。

首先，它们限制用户的移动，因为用户只能对减小的音量进行交互，并且仅通过腕带或笔进行交互，从而严重限制了灵活性。这些界面虽然可以有效地与数字模型进行交互，但不能干预2010年初出现的数字工厂，并且用户不仅要模拟装配链，还要模拟完整的工作环境，包括为研究工作站的人体工程学培训虚拟操作员。这种应用需要具有更大工作空间且允许更高灵活性的接口，为了增加接口，我们可以将现有接口安装在电动载体上，例如Haption的Scalel接口（图2-1-26），使用由连接到框架的电机块组成的拉伸电缆结构（其尺寸可以很容易地适应CAVE）并通过代替机器人结构的电缆连接到腕带，甚至使用外骨骼，通过其运动直接跟踪用户。

图2-1-26　Haption的Scale 1（左图）和Able 7D（右图）接口

增加用户移动自由度的另一个解决方案是使用固定到指尖的便携式接口：这些装置在手指垫上局部起作用，并且提供触感，结构紧凑，重量轻。这可以保持用户的灵活性。可佩戴外骨骼手套的情况也是如此，这种手套允许真正的手上力-反馈，但代价是增加了重量和阻碍以及更显著的复杂性（图 2-1-28）。

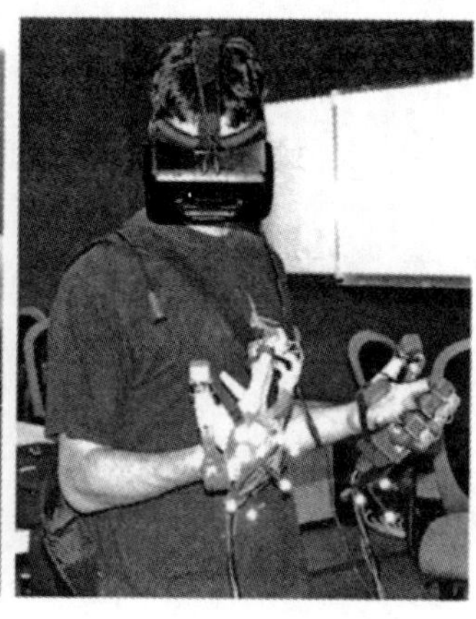

图 2-1-27　CEA 的 IHSl0 力-反馈手套（左图）和 MANDARIN（右图）

到 20 世纪 90 年代末，第二次出现的具有大多数商用的触觉接口反复出现的限制是相对较低的最大表观刚度，为 1000—3000N/m。这并没有妨碍模拟装配的任务，因为它可以在视觉形态上发挥作用，而视觉形态在触觉形态上占主导地位，从而给人更大的刚性印象。相反，这对于技术行为培训中使用的应用来说并不有效，这些应用最近得到了很大程度的发展，特别是在医疗领域。对于这样的应用，相对于现实以相同的方式再现手势可以在患者身上再现与他们在模拟中学习的相同的感觉——运动模式。这在牙科和骨科手术中要求必须特别精确，我们正在研究这个难题。如今已经进行了大量研究以增加力-反馈界面的刚度和带宽。Moog 公司开发了一种新的触觉界面，由于采用了平行结构，因此非常坚固，并且由于设定了力传感器而非常灵敏。该机器人被整合到多模式培训平台中用于牙科培训——SimodOnt Dental Trainer。目前正由几所牙科学校进行测试。CEA 还开发了一种新的颌面外科机器人。由于在优化动作链方面所做的大量工作以及一系列并行混合结构，机器人具有更大的刚性。通过将其与高频振动腕带相关联来增加带宽（图 2-1-28）。

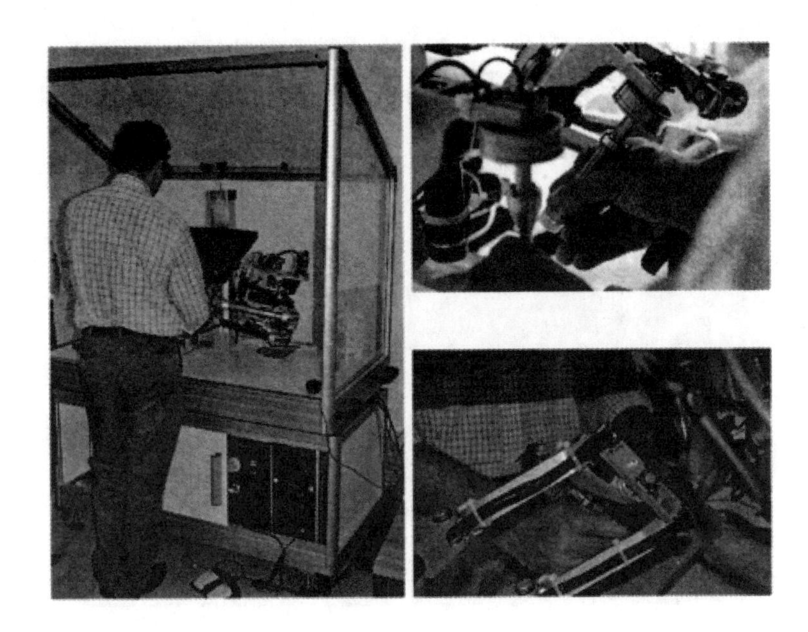

图 2-1-28　多模式技术手势训练平台-SKILLS

大多数触觉界面的第三个重要限制是它们的价格对于普通大众来说仍然太高：Sensable Technologies 取得了很大进展，其次是 Geomagic 和 3D Systems，其界面价格从 Phantom Premium 时期（20 世纪 90 年代末）的数万美元逐渐减少到 Touch 3D 时期的 600 美元（2015），不幸的是，这以大大降低性能（清晰度、力量）、灵敏度和坚固性为代价。Novint 的 Falcon 也是一项有趣的尝试，通过提供具有三个自由度的力-反馈界面，只需几百欧元就可以实现这项技术的普及。然而，尽管在 2008 年问世，它仍然需要找到一个真正的市场。与普通大众取得真正成功的唯一力-反馈接口是电动方向盘。我们还注意到开源社区中有一些有趣的举措，一些团队为使提供的教育设备成本降低，通常采用具有单一自由度的力-反馈界面。

（4）当前状况和未来期望

对于任何用户而言，触觉反馈仍然仅限于振动触觉反馈，在智能手机上非常简单，但在视频游戏控制器上更复杂，其集成了多个振动器，效果被组合以产生复杂的触觉效果。随着高性能虚拟现实 HMD 以合理的成本出现在市场上，这种状态可能会迅速改变，这也强调了缺乏适用于力-反馈的外围设备 C，如利用大量尚未完成的优化工作的 MANDARIN 手套或

Dexta Robotics 的 Dexmo F2 手套等设备正试图满足这一需求。

（二）增强现实中“真实”与“虚拟”的关系

虚拟环境是连续体的一个极端（图 2-1-29），另一个极端是我们生活的现实世界。AR 应用靠近真实环境，将虚拟信息插入到真实环境中。对于增强虚拟（AV），主要环境是虚拟环境。例如，其中一个元素是真实对象的 3D 场景如虚拟博物馆中的绘画照片，结合两种环境的所有应用程序创建“混合现实”（RM）。

图 2-1-29 Milgram 和 Kishini 的真实—虚拟连续体

AR 的特征在于真实和虚拟信息的组合，尤其是从视觉角度来看。要实现这种组合，首先我们必须拥有来自现实世界的数据。任何 AR 系统，如图 2-1-30 所示，都需要一个测量系统：这是采集阶段。原始数据不能直接使用（例如，来自扫描的点云需要重建步骤以确定来自它的相应表面），因此有必要处理这些信息。一旦提取了必要信息，就可以将其与生成的数据（例如照明的 3D 对象）组合。最后，必须通过显示设备来观察这种组合的结果，该显示设备是回归现实。

图 2-1-30 真实和虚拟世界的交互和转化

对于来自环境的数据及与用户存在相关的数据，现实世界受物理定律的支配。因此，一般而言必须提供现实与虚拟的连贯组合，无论是从物理定律的角度还是用户感知的角度，这取决于，可能结合这两个方面的应用。如果希望虚拟对象是自然集成的，那么它的移动、照明和与现实世界的交互必须尽可能正确。当目标是创建一个实时系统时，这个真实→虚拟→真实循环会带给我们最小化的延迟，这种强大的约束影响了系统的所有部分。

1. 获取与恢复设备

AR主要用于可见光域，光波长度为380—780nm，因此，大多数采集和渲染工具在该领域中起作用。AR应用的普及本质上是工具的普及，重要的是相机和可视化设备（屏幕、虚拟耳机、投影仪），所有这些都在一个便携式外围设备中。

为了与环境相互作用，我们需要获取并考虑更多的数据而不仅仅是摄像机获取的图像：周围的几何形状是什么？这里的光源是什么？反射和折射的特性是什么？对象和用户的动作是什么？将用户置于空间中是AR的关键点之一，它适用于真实和虚拟数据共同定位的假设；也就是说，它们似乎是同一个世界的一部分，特别关注定位问题。为了捕获信息，我们通常使用计算机视觉产生的数字工具。然而，也可以使用超出可见光谱的信号：超出可见光范围的光信号（例如红外线、Kinect使用），磁波（高精度，但需要磁场的映射——用于可控制的环境如驾驶舱），声波（特别是对于环境的几何形状如声呐）和机械能（包括在移动电话、平板电脑、控制器等中的加速度计）。我们将看到基于所有这些技术的交互工具。

2. 姿势计算

如图2-1-31所示，虚拟元素的渲染需要从用户的角度了解这些元素的属性（变换A）。然而，这种属性主要是针对固定点（变换B）定义的。然后，我们估计用户关于该相同固定点（变换C）的观点。然后将变换B和C连接，并在此到达转换A即可。

能通过估计3D中的位置和方向来形式化的统称为“姿势”。一般来说，必须估计六个参数：三个用于位置，三个用于方向。有时会设定一些简化的假设：许多智能手机应用程序不计算智能手机的高度而使用合理的值。

目前已经提出了许多不同的方法来估计用户的姿势，但是这个问题仍然很困难，因为：

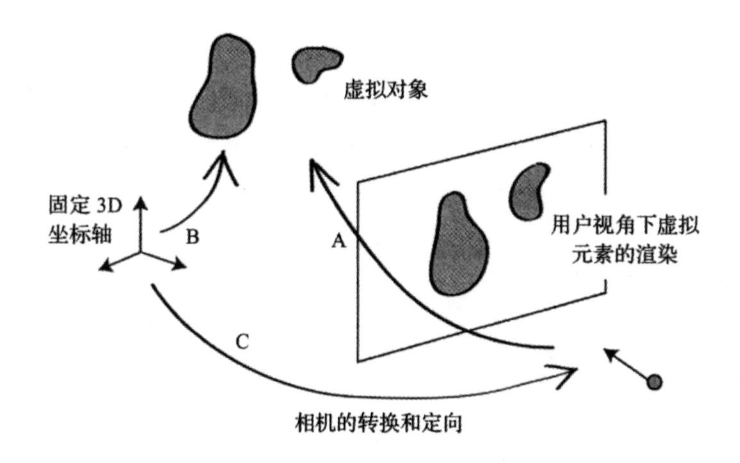

图 2-1-31　姿势计算

姿势计算必须精确。实际上，小于 1 度的角度偏差将对应于大约 2m 的偏差，距离大约 100m，这在驾驶模拟中是不可接受的。必须非常快速地完成姿势计算以限制延迟。刷新率非常低将导致几何集成不良以及引起用户反感的风险。

用户移动的空间会引起几个问题。例如 GPS 仅可在室外使用，并且仅提供几十米的精度。标记（将在稍后进行更详细的讨论）必须在相同的图像上显示，这限制了设想的工作空间。在工作空间大的情况下，我们必须考虑使用多种方法，例如 GPS 用于初始化然后在较小的空间中进行视觉跟踪。

我们现在继续讨论这些不同的方法：

（1）基于传感器的定位（相机外部）

沿三个垂直取向的电磁铁三联体可以通过测量由其他方面施加的磁场来确定其位置和空间方向。然而，该解决方案对金属物体的存在非常敏感，它们会破坏磁场，使用超声波发射器和捕获器的系统可能会非常精确，但它们很昂贵并且需要大型基础设施。

智能手机现在配备了 GPS 功能可以让它们自己定位，并使用加速度计和罗盘来测量它们的方向。例如，非常成功的游戏 Pokemon-GO 使用这种技术来提供 AR 可视化，然而这种方法不具备高精度：GPS 最多可以提供几米的精度，而罗盘可以提供几十度的精度。此外，GPS 无法在室内访问且其更新频率较低。

(2) 基于标记的定位

一个吸引人的方法是从用户的角度捕获图像。事实上，这种方法对AR来说非常自然，相机的定位是计算机视觉研究的重要领域。

使用图像内容进行姿势计算的简单解决方案是添加类似于图2-1-32所示的标记。这些标记被设计成易于通过自动图像分析方法检测和识别。因此它可以实现相机的姿势计算。

图2-1-32　使用标记定位相机。标记有助于相机的姿势计算但不能用于所有应用程序

但这种方法并不总是可以使用，因为标记必须被预先放置和定位，这是限制性的。在真实环境中它们通常是很虚幻的，并且会分散视觉。

(3) 基于图像的定位

与上述方法不同，基于图像的方法可以使用图像本身计算相机的姿势，而无须操纵场景。

图2-1-33说明了它的功能：如果已知真实场景中几个元素的空间定位，并且它们在图像中的2D位置也是已知的，则可以计算相机的姿势。例如，如果这些元素是3D中的点，则它们在图像中显示为3D点，并且可以通过三角测量来计算相机的姿势。

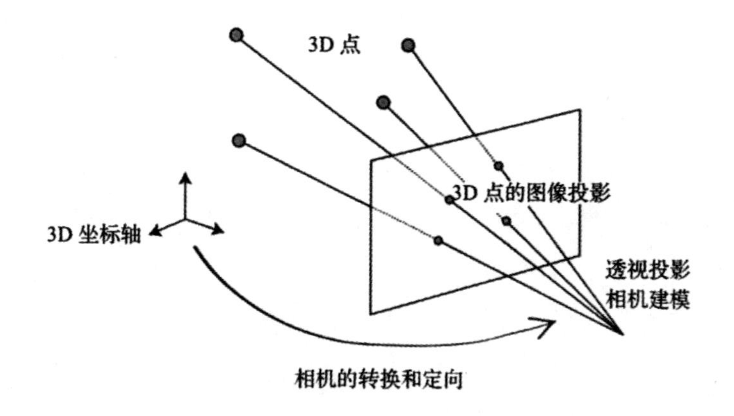

图 2-1-33　基于图像的空间定位：如果已知场景中几个点的空间位置以及在图像中的新投影，则可以将相机定位在与这些点相同的参考中

然而，虽然问题的几何形状现在已得到很好的控制，但主要的困难是自动解释图像以找到图像中的已知元素。不熟悉计算机视觉的人经常低估这种困难：虽然我们看到的图像似乎很容易解释，但我们的视觉皮层调动了数亿个神经元，这种分析是以一种基本无意识的方式进行的，所以它明显易于解释，但非常复杂，目前仍然没有得到很好地理解。

计算机视觉中普遍的方法是基于兴趣点的使用。如图 2-1-34 所示，兴趣点对应于图像中不连续性的 2D 点，当相机移动或修改照明条件时这些不连续性被认为是稳定的：同一场景中的两个图像，取自两个不同的视点，或者在不同的光照条件下，具有对应于相同物理点的兴趣点。

在同一场景的两个图像中自动检测“兴趣点”。这些点对应于图像中的显著位置，并且它们中的大多数对应图像中的相同物理点：例如，如果已知其在 3D 中的位置，可以使用它们来定位相机；若在某些物体上检测到许多点，在其他物体上检测到很少的点，例如分别在桌布和马克杯上。因此，如马克杯之类的物体更难以用于定位相机。

如果我们可以测量这些兴趣点的 3D 位置，并在从用户的视点捕获的图像中识别它们，那么可以计算用户的姿势。事实上这是本领域科学文献中许多方法的出发点，然而这种方法可能由于以下几个原因而失败：场景可能提供的兴趣点非常少，室内经常出现这种情况；兴趣点的外观可能有很大差异，因此难以识别，这可能发生在户外，在早晨和傍晚、夏季和冬季之间甚至是由于天气条件，光线发生剧烈变化。因此，使用姿势计算方法是有用的，该方法可以补救兴趣点的过度检测或检测不足，以及 2D 和 3D 点之间的不良匹配。

图 2-1-34　兴趣点的使用

定位方法不是使用无法感知颜色的传统相机，而是使用能够感知深度信息的相机。与微软游戏机一起发布的 Kinect 摄像机就是最著名的例子之一。存在不同的技术：一些相机使用“结构光”，包括以红外线投射已知图案，这使得可靠的立体重建成为可能，其他则使用激光束的“飞行时间”。相机给出的深度图对定位有很大帮助，它们可以通过不同的方法使用，但这些摄像机也有很大的局限性：它们是有源传感器，只能在空间有限的室内媒体中发挥作用；金属环境导致不精确；它们还消耗更多能量并迅速耗尽移动设备的电量。

3. 逼真的渲染

在 AR 中，渲染虚拟对象也是很重要的，某些应用需要逼真的渲染。如图 2-1-35 所示，几何图形和光线必须只作用于虚拟对象上，它们与具有相同几何形状的真实对象类似，并且由相同的材料组成：

首先，真实对象必须遮挡位于它们后面的虚拟对象的部分，这需要非常精确地计量这些真实物体的几何形状和视角；

虚拟物体必须看起来是被真实光源照亮，这需要知道这些光源的属性，例如它们的空间位置、几何形状或功率；

虚拟对象必须在真实场景上投射阴影，除了真正的光源之外，这还需要有关真实场景的几何信息；

必须模拟真实和虚拟部分之间的轻微交换。这可能变得非常复杂。例如虚拟对象必须将落在其上的真实光漫射到真实物体上，从而改变它们的外观。

图 2-1-35　模拟真实和虚拟部分之间的轻微交换

一旦知道了视点 a，就必须识别位于真实对象后面的虚拟对象的部分，并从最终渲染中删除 b，还必须呈现真实和虚拟之间的轻微交互。在这里移除隐藏的部分并将阴影投射到汽车上有助于用户感知到其所需的位置。

这不仅仅是美学效果的问题：这些方面中的每一个对场景的视觉解释都有帮助，但是它们并非都同等重要。例如，不需要非常精确地知道光源的位置，因为视觉皮层对这种错误不是非常敏感。另一方面，在真实对象对虚拟对象进行掩蔽的渲染中，几个像素的误差很容易被察觉。因此，真实图像和虚拟图像之间的边界位于真实物体的轮廓上，而这个轮廓很难根据需要精确地识别，无论是根据计算机视觉还是深度传感器。最后，我们不能忘记在没有任何额外特殊光线的情况下观察真实物体，而虚拟物体通常在屏幕的帮助下被感知，或者至少是在引入光源的设备中被感知，如果不使用补偿机制，它们自然会比真正的对应物更亮。

（三）3D 交互带来的复杂性和科学挑战

1. 简介

在过去的几年里，我们看到了新一代 3D 人机交互界面（如微软 Kinect，Oculus Rift），它重塑了科学 3D 交互与虚拟或混合世界的挑战。VR-AR 为广大公众所认可，并且扩大了使用 3D 交互的应用领域，同时也给基础性的人机交互界面的研究增加了新的挑战。

2. 围绕3D交互环的复杂性与挑战

在这部分内容中，我们选择3D交互循环作为围绕虚拟或混合环境进行3D交互的科学挑战的解释框架。这个循环来自感知—动作循环，它在文献中经常被用来解释虚拟现实和增强现实中的挑战。如图2-1-36所示为3D交互环，其中确定了三个主要挑战。此循环阐释了用户与虚拟或混合环境交互的不同组件。除了3D环境的纯视觉渲染之外，VR-AR旨在让用户沉浸在虚拟或混合世界中。因此，用户可以与数字内容交互并通过不同的感官反馈感知他们动作的效果。使用户真正沉浸在日益复杂的虚拟环境中。VR-AR研究必须面对的一些重要挑战：必须捕获用户的手势，然后直接传输到虚拟世界，以便实时修改。感觉反馈不仅指视觉反馈，还必须与全局多模态响应中的听觉和触觉反馈相结合。

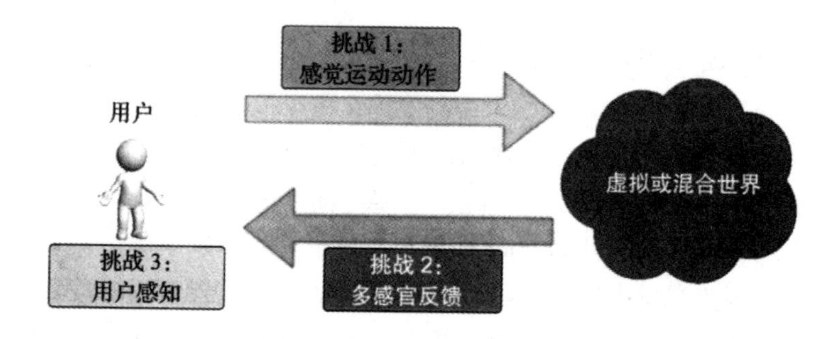

图2-1-36　出现在3D交互环中的三个主要科学挑战的表示

在此背景下，我们确定了三个重大挑战，我们将在以下各节中详细讨论这些挑战，已在图2-1-37中以图解方式描述：

挑战1：用于交互的感觉运动动作

挑战2：多感官反馈

挑战3：用户感知

3. 挑战1：用于交互的感觉运动动作

（1）捕获用户数据的爆炸性增长

谈及与虚拟或混合世界进行交互时，第一个挑战就是将用户的动作转录到他所希望与之交互的世界中。几年前，大部分的用户行为受限于用户动作的粗略捕获。

然而，3D界面已经取得了相当大的进步，现在可以捕获用户的各种数据。捕获的最常见数据是动作数据。信息可以检索用户的不同位置，然后将其转录到虚拟或混合世界中。随着市场上出现的许多捕获解决方案，特别是对于普通公众而言，可以记录用户身体的不同部位（他们的手臂，他们的腿，他们的头部）或整个身体的位置。尽管如此，非常精确地捕获仍然是一项关键挑战。因此，捕获用户的手是与虚拟或混合世界交互的必不可少的工具，但仍然不是很精确。而且，我们仍然不能在交互中的任何给定时刻区分不同的手指。解决此技术数据捕获问题的一种有趣方法是使用现有接口来设计交互技术。例如，在跟踪指针的情况下，“Thing”或Finexus 技术使用其他现有接口，例如平板电脑甚至磁性传感器，以便能够实时捕获手指互动（图 2-1-37）。

图 2-1-37　“Thing”交互技术示例：使用可触摸的平板电脑来捕捉手的动作并在屏幕上映射出动画虚拟手

除了从用户捕获的数据空间精度相关的挑战，时间维度也是科学挑战的一部分。即使在今天，实时跟踪用户移动也是一项重大挑战。在 AR 中，时间维度特别难以实现：必须精确调整物理和虚拟世界，但目前可用的传感器不够精确。因此，对于需要精确覆盖真实世界和虚拟世界的情况，AR 的应用程序数量仍然有限。尽管如此，这些应用程序具有巨大的潜力，并为未来几年的前瞻性研究提供了许多途径，比如增强医学或者土木工程（仅举两个可能的领域）。

（2）选择交互技术

捕获用户数据，有几种在虚拟世界或混合世界中转录这些数据可能的选择。

为了匹配用户在现实世界和虚拟世界中的自由度，完美同构可能被实现，从而尽可能重现现实世界的行为。

考虑到以上所讨论的材料在捕捉用户动作时的限制，这种完美的同构经常被证明难以实施。因此通常优先选择弱同构：用户可以求助于这些通常称为交互技术的机制，以便执行虚拟环境中的任务。

这些交互技术允许他们自己与现实世界中的行为有一些偏差，允许用户执行在日常生活中无法执行的行动。非同构技术通常使得同构技术更有效，并且在执行任务所花费的时间或精度方面有显著的改进，其还可以执行由于材料限制而无法以同构方式执行的任务。

最后，VR-AR 应用程序的同构程度将取决于应用程序上下文：在目标是重现真实的情况下通常需要高度同构，而其他情况是更多地从真实的物理世界中获取数据，从而用户可以更容易地接受与现实世界的偏差，选择基于要执行的任务的交互技术：选择对象，操作对象，导航虚拟环境或控制系统。

未来交互技术将面临的挑战之一是扩展其通用性，以便适用于其他环境而非其单纯设计的环境。这一挑战与目前这些技术对拟议应用和可用 3D 接口的材料限制的依赖性密切相关。在交互隐喻中统一几个数据流还有待探索。3D 界面数量及其兼容性的增加会产生新类别的交互技术。

（3）未来的 3D 交互界面

除了动作捕捉之外，现在还可以记录许多其他类型的用户数据，这些数据与过去几年在实验室和公司内部提出的新 3D 界面的多样性有关。例如，现在可以借助用户平衡感的接口来跟踪用户的整个身体（图 2-1-38）。在较小的规模上，越来越高性能的系统，用户的眼睛可以实时跟踪，用户的能力也可以增强。例如 360 度视觉。最后，还可以捕获用户的生理测量值，例如他们的肌肉活动，甚至更具创新性，以使用脑机接口来测量大脑活动。与大量数据相关的主要科学挑战在于数据的处理：即使在今天，仍有许多科学问题需要“克服”，以便成功地同步数据将其转录，并以其丰富的内容与虚拟或混合世界交互。

一种新交互接口描述，用户使用整个身体通过这种接口与虚拟世界进行交互。这种叫作“Joyman”的接口（界面）使用用户的平衡感来建立控制的法则，这使得它有可能导航虚拟世界与可以从用户捕获越来越多的数据并行，用于与虚拟世界交互的 3D 接口在过去几年中也在不断发展。因此，现在使用笨重且昂贵的 VR 设备较少，让位于一般公众越来越容易接触的轻型接口。未来 3D 交互相关的科学挑战将会通过最小化材料的方式提供更自然地与虚拟或混合世界交互的能力。解决方案可以是通过捕获未标记的数据，例如 Microsoft Kinect，甚至是使用人体作为投影表面的接口，这些新一代 3D 接口的示例将在未来几年得到发展。

 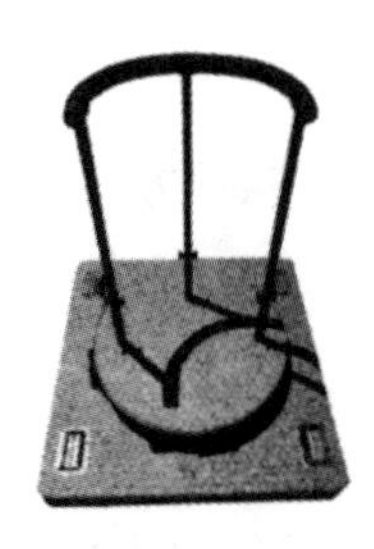  

图 2-1-38　借助用户平衡感的接口来跟踪用户的整个身体

4. 挑战 2：多感官反馈

用户在与虚拟世界或混合世界交互时收到的反馈，对他们刚刚在真实世界或虚拟世界中执行的操作赋予意义至关重要。为了改善相互作用，使用者的不同感觉方式发挥作用。听觉和触觉是基本的感觉方式。在本节中，我们将确定与这些不同感官方式相关的科学挑战。

(1) 视觉反馈

视觉是在大多数交互系统中被使用最多的感官，尤其是在虚拟现实或混合现实系统中给用户提供反馈。

尽管当前的 LCD 屏幕技术已经高度成熟，但是将它们用于立体 3D 渲染仍然是个问题。近年来，我们看到 3D 电影和电视空前增长，但我们仍然需要配戴眼镜观看这种 3D 内容，渲染的质量并不能提高到可圈可点的程度。可能的解决方案是使用 HMD（正在普及），然而，太多问题出现使得用户只能与虚拟环境交互，与真实环境的交互也存在问题。这些问题是许多研究项目的主题。最初的挑战是改进非沉浸式屏幕的 3D 渲染技术。这包括在沉浸式环境中促进与所显示内容的交互以及允许用户继续与现实世界交互。

过去几年中，不同的研究项目已经提出了在非平面上的显示。它们可能是皮肤或者甚至房间里的一系列物品。渲染由投影仪执行，投影仪基于物理环境的 3D 重建实时修改投影，以便正确地投影场景。这些应用的挑战是微型和强大投影系统的可用性，例如，它们是否可以由用户执行。第二个挑战是视觉系统和3D重建系统的集成，使它们在广泛的应用中可以真正发挥作用。开发可动态变形的，动态可重新配置或集成到用户衣服中的显示表面都是需要探索的研究途径，并将在未来几年内取得重大进展。

（2）力反馈

与其他感官方式相比，与触摸相关的触觉方式即使在今天也基本没有得到充分利用。主要原因是多种材料的限制，它们通常会在用户与虚拟物品交互时阻碍充分的触觉反馈。不像其他感官反馈，触觉反馈需要更高的刷新率因此需要经常使用高性能设备。除此之外，人体内的受体使可能恢复触觉的感觉遍布全身，倍增设备和用户之间的接触面。现有的触觉设备主要关注以动觉或触觉方式将力量反馈给用户的手。然而，很少有设备提供力量对多个自由度的反馈，如果他们这样做，大多数是减少到单点联系。因此，未来主要的科学挑战是提供高质量的力反馈设备。同时，需要紧凑和合理定价的设备是一个额外但不可或缺的约束，这些设备在与虚拟世界或混合世界的互动中实现普及。除了材料限制外，还有很多获得高性能的触觉反馈算法。为了将触觉转录给用户，与物理相关的虚拟对象的形式是必不可少的，它们尽可能应该接近真实物体的物理形态。在此背景下，研究物理已经提出了模拟，首先是刚性物体，然后是可变形物体，最后是流体。

也有更多尽可能好的（材料）属性可以被用来转录现实世界的感觉，但是与这些属性相配的高效算法仍然十分稀少。将感觉传递到用户的手是一个科学挑战的例子，当前模型刚刚开始模拟与接触可变形表面的相互作用。

（3）多模态反馈

当今研究领域的一大挑战是结合不同的感官方式。这里面临的挑战与材料和软件相关。从材料的角度来看，需要高性能接口，允许耦合不同的信号，同时保证对用户有一定质量的反馈，特别是在带宽方面，对于触觉反馈仍然非常高。从软件的角度来看，我们必须能够提供可以同步不同感官模态的算法。在上游，这需要虚拟环境的高性能模型，必须为其生成视觉、听觉和触觉信号。这些模型必然基于物理定律，模拟它们的交互时间是当今重要的计算挑战。最近几年提出的初步解决方案，由于要模拟的虚拟场景的复杂性以便为给定的应用获得满意的反馈，它们在实际应用中几乎从未使用过。

5. 挑战3：用户感知

与虚拟世界或混合世界的互动必然意味着考虑到每个用户独有的人类维度，其可以分为两个主要区域：一个以每个用户的个人感知为中心，另一个侧重多个用户之间的交互。

（1）更好地理解人类能力的挑战

了解和理解人类的感知能力、运动能力和认知能力对于开发不同的VR-AR技术至关重要，以减少这些技术的一些副作用，例如“晕动症”。

研究人员一起研究了与真实环境中的感知能力、运动能力和认知能力相关的人为因素。与人为技术的交互带来了现实中不存在的问题，例如引入延迟（这是任何交互系统的一个特征）、引入感知冲突或创建不切实际的情况。

这些问题是虚拟系统所独有的，已经由科学界通过不同的研究解决。然而，这里仍有许多工作要做，系统地分析与虚拟现实和混合现实相关的不同感知、运动和认知因素，这些因素可能会影响用户体验。研究者还在进行增量研究，目的是将现有结果外推到更大的背景和更广泛的用户。所有这些项目都可以创建设计指南，不仅适用于材料系统，还适用于操作系统，尤其是应用程序。

（2）如何实现多用户的交互

超越单个用户与虚拟世界交互的感知，当今重大的科学挑战之一是存在多个用户与虚拟环境交互。设计多个用户可以协同工作的协作环境存在两个困难：①协作系统的材料设计和软件设计，其中包含许多可能位于同一地点甚至不同地方的用户；②设计有效的协作技术交互以便每个用户被其他用户的动作通知，从而进行共同的交互。

从材料的角度来看，协作环境需要在多个计算机之间建立本地或扩展网络，这可能对共享虚拟环境的一致性产生重大影响。从软件的角度来看，协作环境面临着与传统环境相同的挑战。除此之外，我们还存在渲染引擎（图形、物理和行为）之间的互操作性问题。允许不同软件之间同步的高级协作系统代表了越来越频繁使用的替代方案之一，另一种是直接分发数据。

从交互技术的角度来看，仍有许多问题需要解决，以促进多个用户之间的交互。此时大多数技术都是在应用环境中提出的，主要用于虚拟原型设计、装配操作或维护。虽然当前的协作系统允许多个用户同时操纵多个对象，但是使多个用户能够操纵同一对象仍然是重要的挑战；用户之间的通信也是需要改进的领域，以便在用户之间和环境本身中转录最大量的信息。因此，未来几年将有大量研究致力于集成的重大问题，以便能够引入从每个用户以及环境本身捕获的多模态数据。

6. **结论**

我们通过回顾3D交互周期的不同阶段，介绍了与虚拟或混合环境的3D交互相关的主要科学挑战。从技术和科学的角度来看，存在许多挑战，但本章并不能保证提供最详尽的清单。应对这些挑战将使普通大众和专业人士普及VR-AR技术并使其多样化成为可能。

六、评估普及率

像Gartner Research这样的研究机构普遍预测，VR的大规模普及将在2020—2023年实现。

头显的普及率，特别是Google Cardboard和Gear VR等中低端产品的普及率，是表明公众是否已准备好试水VR的关键指标。各大厂商仍在想方设法弄清楚公众到底想要什么样的头显，现在第一代产品已经给了它们足够的数据用来研究和决策。

今天的消费者还只买得到第一代的大众消费级VR头显。一些公司（如Oculus、谷歌和HTC）已公布了下一代头显的计划，而还有一些公司（如微软）才刚刚把它们的第一代产品投入VR市场（就微软而言，Windows Mixed Reality是在2017年秋末推出的）。

虽然很多第一代头显都具备令人印象深刻的沉浸式体验，但很明显，在第一代产品中，没有哪家厂商完全弄清楚最适合大众消费市场的VR设备到底是什么。伴随着每一次发布的头显版本和开发的每一个VR应用程序，人们收获了越来越多的知识，厂家也终于能够调整它们的路线图，致力于打造真正伟大的（商业中也可行）VR设备。

Facebook首席执行官马克·扎克伯格最近宣布了“让10亿人进入虚

拟现实”的目标。这是一个让人难以置信的宏伟目标。作为对比，大多数人认为无处不在的互联网在全球拥有32亿用户。要让VR的用户数量接近这个水平，需要大规模普及。

当然，不管是厂商还是消费者，都乐见VR的成功。接下来的几年将是VR大发展的关键时期。随着人们努力推动VR在消费市场的普及，这个时期可能会让我们看清未来VR的增长模式。当头显的制造商能够完全根据消费者的承受能力和喜好定制产品时，扎克伯格宣布的目标应该就不再遥不可及了。

第二节　增强现实的现状分析

“增强现实”则是一种观察现实世界的特殊方式（直接观察或通过摄像机之类的视像设备间接观察），利用计算机生成的内容（包括静态图像、音频和视频）“增强”现实世界的视觉效果。AR与VR的不同之处在于AR是现实世界或现有场景的增强版（增加了新内容），而不是从头开始创建新场景。

根据严格的定义，在AR中，计算机生成的内容是叠加在真实内容之上的。但两个场景之间无法相互通信，也无法彼此做出反应。但AR的定义近年来也有所扩充，囊括了“混合现实”这一概念，“混合现实”的融合程度更高，在现实世界和数字世界之间可以实现互动。

本书提到“增强现实”这个概念时，通常将其作为包含“混合现实”在内的总括性术语使用。这两个术语通常也在业内作为同义词使用，当然，“混合现实”这一说法更能描述模拟和数字现实相结合的特点，受到更多青睐。

如图2-2-1所示，是当前最受欢迎的AR游戏之一《精灵宝可梦GO》中的场景，玩家可以在真实环境中看到精灵宝可梦的形象。

图 2-2-1　用 iPhone 玩 AR 版《精灵宝可梦 GO》

其实在过去的 20 年里已有数百万人每到周六和周日都会与 AR 有亲密接触，只不过他们很可能没有意识到。早在 1998 年，一家叫作 Sport vision 的公司就已推出了名为 1st & Ten 的系列节目，引入标志首攻位置的黄线，为普通的球迷们带来数字化的视觉体验，风靡一时。

为达到节目效果，Sport vision 创建了一座橄榄球场 的虚拟 3D 模型。在捕捉游戏视频时，布置在真实世界的每一台摄像机将自己的位置、倾斜度、平移值和缩放值输送给功能强大的联网计算机。有了这些数据，计算机就可以精确地设定每一台摄像机在虚拟 3D 模型中的位置，并使用专门的图形程序在输入的视频数据中绘制线条。当然，绘制过程的复杂程度远超你我的想象。如果绘制的线条仅仅是简单地叠加在源画面之上，那么每当运动员、裁判或球从被叠加的地方经过，无论是人还是物体，看起来都会像处于虚拟线条的“下面”。这种效果非常糟糕。

为了让绘制出来的线条看起来位于不同人和物的下方，软件会使用一号调色板（也就是球场调色板）处理应当嵌入球场之中的颜色，用二号调色板来处理应当处于线条之上的颜色。在源视频上绘制线条时，球场调色板的颜色会转换为黄色，让线条显示出来，而二号调色板的颜色不会变，这样就可以让人和物体呈现在线条之上。这样的设计相当于把AR场景用壳包了起来——给真实环境（橄榄球场）增加了数字内容（黄线），这样就可以用更加自然的方式提高用户的观球体验。

增强现实（AR）近年来的发展势头很好。由于虚拟现实（VR）有着极为丰富多彩的发展史，所以公众可能大都认为AR已经落后于VR。无论是AR的概念更难以理解，还是VR技术让人觉得“更性感”，在消费者的心目中，AR总是扮演VR的配角。从2013—2017年夏天，这个现象最为显著。在这段时间里，VR眼镜再度强势进入公众视野，AR重新退居二线。但是，2017年秋天发生了一件有趣的事情。苹果公司和谷歌公司分别公布了ARKit和ARCore，使开发人员更容易为iOS和Andrid平台编写AR应用程序。这个消息影响很大，因为它立即使AR兼容设备的数量增加到近5亿（iOS和Android兼容设备的安装基数）。虽然并不是每个iOS或Android移动设备的用户都会使用AR应用，但是那些想试试的人确实不再需要购买额外的硬件就能实现。

如图2-2-2所示，是未来几年ARKit和ARCore设备的预计增长率，源于Artillry Intelligence的预测。Artillry预测，到2020年将有近42亿台手持式AR设备进入消费者的口袋，这是一个巨大的市场，增长的数字令人难以置信。预计苹果将率先推出移动型AR游戏，谷歌和Android随后会迎头赶上并超越iOS，因为Android设备的换机周期将在未来几年内出现。

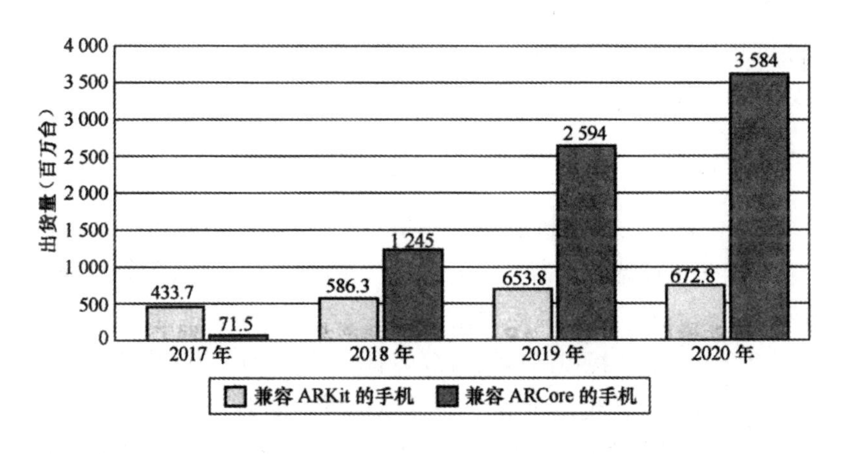

图2-2-2　ARCore和ARKit的安装基数

AR 与 VR 既有相同的传统特征，也有类似的新问题。与 Google Cardboard 让 VR 走近大众很相似，ARKit 和 ARCore 也让 AR 的大名得到了消费者的认可。然而，与高端的可穿戴设备（如微软的 HoloLens、Meta2 或 Magic Leap）相比，无论是 ARKit 还是 ARCore，都不算什么。

也许最有趣的事情是研究人员会把 AR 的普及率放在多高的位置上。Gartner 机构根据自己的“Gartner 技术成熟度曲线”宣称 VR 已处于“爬坡期”，并判断 VR 将在 2—5 年（2020—2023 年）内实现大范围普及。这家研究机构同时声称，AR 目前处于“低谷期”，保守估计要 5—10 年（2023—2028 年）后才会实现大范围普及。

一、增强现实控制器

AR 和 MR 控制器与 VR 控制器存在的问题大相径庭。大多数 VR 头显会完全遮住用户的外部视线，而 AR 要么具备视频输入功能，要么配备的是半透明观察镜，所以能够看见周围的世界。这使传统的头显存在的一些问题变得简单。用户看得见现实世界，就不会没头没脑地摸索现实世界中的物体。

但另一方面，这种“增强”的视觉效果也会令其他一些技术问题变得更加复杂。用户看得见现实世界，那么使用控制器与看起来存在于现实世界中的数字影像进行互动就会很诡异。这就要求开发人员另想办法让我们的双手同这些数字对象互动。

以下内容介绍了一些与 AR 中的物体互动的方法。

（一）注视

与 VR 一样，注视控制是 AR 互动的常见方式，而且通常与其他互动方式（如手势或控制器点击）结合使用。通过让头部（或设备）环顾四周构建出用户的当前动作，然后根据用户注视的目标触发互动。

移动设备上的注视控制功能通常会有一张跟随用户视线的网格，这有助于看清数字影像在现实世界中的目标位置。如图 2-2-3 所示，是 Android 系统的类似处理方案。虚拟网格叠加在真实场景之上，用户可以清楚地看到 Android 机器人的形象。一些基于头显的 AR 应用内含位于用户视线中心的瞄准线（光标或十字线），方便用户确定互动对象，这样应用程序就能知道用户的注意力焦点在哪里。如果应用程序需要用户把注意力放在某个重要目标上，也可以在场景中予以提示。

图 2-2-3 ARCore 网格跟随用户视线

注视控制技术在今天的 AR 中相当好用，但要把注视控制和眼动跟踪功能结合起来用，才能焕发出它们应有的光彩。目前，不管是 VR 还是 AR，“注视”都需要用户转动整个头部，而即将面世的眼动跟踪技术有望让这个动作更加自然。在现实世界中，当我们注视某个东西时，很少会转动整个头部并把它放在视线的中心。实际上，只有当转动眼睛仍满足不了我们的需要时，我们才会考虑转动头部。有了眼动跟踪技术，AR 头显要考虑的问题就不仅仅是头部的动作了，还包括眼睛的动作。期待当眼动跟踪技术成为主流的那一天，注视跟踪的使用能够带来 AR 的爆发式增长。

（二）语音

会话用户界面（UI），或者说使用我们熟悉的语言从事人机交流，是发展最快的新兴技术之一。无论是亚马逊的 Alexa、谷歌的 Home，还是苹果的 Siri，会话 UI 与人工智能相结合，很快在人类社会中找到了一席之地。

语音和语言成 VR 和 AR 的输入控制方法是水到渠成的事，因为语音是一种自然的交流方式，与传统的硬件控制方法相比，它具有非常小的学习曲线。要知道学习一门新技能是有难度的，学会控制 AR 应用程序亦然。

人们使用语音就是为了克服学习过程中的困难，努力使人机交流变得更加自然。

Magic Leap 曾经演示过其 AR 设备的语音控制功能，谷歌公司和苹果公司也都在自己的移动设备中内置了自己开发的数字助理，微软甚至已在自己的 AR 头显中全面使用语音命令。不管是 HoloLens 还是 Windows Mixed Reality，核心互动方式都是语音。

为了推动 AR 语音互动标准的建立，微软开发了一套语音指令用于常规控制（如选择、开始、传送、返回等），还允许开发人员使用自定义音频输入指令来构建自己的语音控件。最重要的是，这套指令还有听写功能，用户能够通过语音实现文本输入，不再依赖一直让 VR 和 AR 应用“头疼不已”的数字键盘。

尽管语音可能永远不会成为 AR 应用唯一的输入方法，但是对于大多数 AR 设备而言，它肯定会在不久的将来发挥巨大作用。

（三）触摸

触摸主要用于移动设备上的 AR 互动。由于 AR 在一些很流行的 App（如移动设备上的 Snapchat）中的广泛使用，因而迅速进入了大众视野。然而这些设备（如智能手机）其实并不是专门为 AR 设计的，所以也存在着一些问题。

在 AR 应用中如何使用移动设备实现信号输入就是其中之一。用户习惯于通过一系列敲击、滑动或类似动作来实现屏幕内容的导航，但这样的动作远不足以满足 AR 世界导航和控制的需求。

另外，移动设备又不可能增加新的硬件，因此，也无法直接采用那些新的互动方式。所以，互动必须立足于现有的移动设备。显然，这是应用程序开发人员需要解决的问题。大多数开发人员采用的对策是利用移动设备既有的互动方式加上注视控制（后面进行介绍），例如，用户可以将视线中心的光标或十字线移到 3D 空间中的数字影像上，单击屏幕选中，然后就可以拖动了。

根据苹果设备用户界面手册的建议，如图 2-2-4 所示，说明了开发人员如何指导用户在现实世界与数字影像互动。在这个例子中，虚拟物体被放置在现实世界。在图 2-2-4 的左侧窗格中，注意地毯周围的角标，表示正在进行平面（平坦表面）检测；中间的窗格显示的是地毯上的焦点方块(实线勾画的长方形)，表示用户已经可以触摸屏幕了，同时还显示了利用触摸动作放置物体的目标位置。在用户放置好物体后，焦点方块消失，只留下已放置在“真实”世界中的虚拟对象，如图 2-2-4 右侧所示是最终的图像。

图 2-2-4 通过触摸将虚拟物体放置于移动型 AR 中

(四) 手部跟踪

AR 与 VR 有一个很大的区别，前者能让用户看到周围的环境，包括我们用来与周围世界进行身体互动的最常用工具：双手。看得见双手，在 AR 中实现手部跟踪就比在 VR 中容易得多，问题也更少。

利用手部跟踪技术，有些 AR 头显把手势输入作为核心体验的一部分。对大多数 VR 产品而言，手部跟踪技术虽然有用，但不是必需，相比之下，它在 AR 领域绝对是首选项。想想鼠标对传统二维屏幕的重要性，手部跟踪技术在 AR 世界的地位绝对不比它差。Meta 2 和 HoloLens 各自都有一系列标准化手势实现与数字影像的互动。

如图 2-2-5 所示，是 Meta 2 的手部跟踪技术和正在用双手做抓握动作的用户。无独有偶，一些公司（如瑞典的 ManoMotion）也在研究如何将手势分析和识别技术深度纳入 AR 的世界。ManoMotion 的名气主要来自它们对移动型 AR 的支持，在它们的帮助下，开发人员可以在移动应用中使用手势这种更“自然”的互动方法，久旱甘霖，莫过于此。

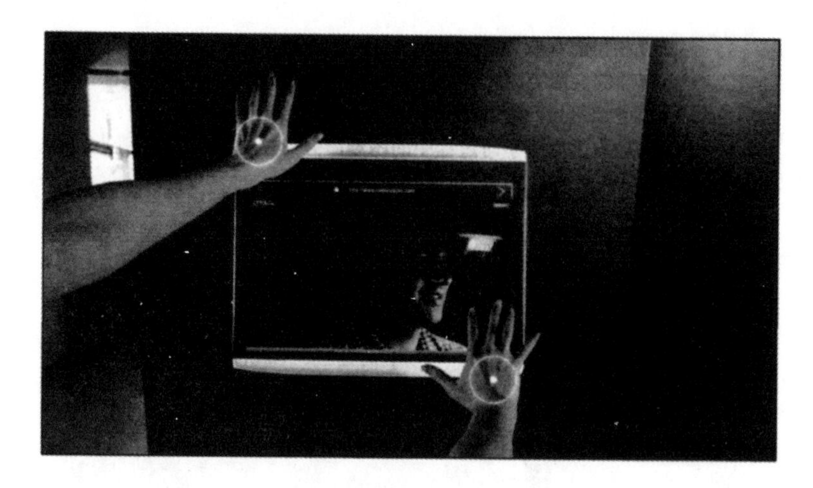

图 2-2-5　Meta 2 手势

大多数 AR 头显都面临着一个大问题，一旦双手移到互动跟踪区以外，就无法跟踪了。当然，这个区域通常是指头显或移动设备的视线范围。换句话说就是通过手势、手部动作或其他类似方式进行的任何互动，一般都需要将双手直接放在视线前方，并非不允许用手。但在现实生活中，确实在做很多事情的时候根本不需要把手放在眼前（想想触摸屏打字、使用鼠标、操作电子游戏手柄，还有驾驶汽车等）。虽然也有办法可以在视线以外跟踪用户的手部动作，但需要额外的硬件，而且可能会影响手部跟踪的连贯度。但是，视线以外的手部动作跟踪问题，还是留给未来的 AR 头显解决吧！

（五）键盘和鼠标

随着我们在完全数字化的天空中放飞，利用未来的控制输入方法塑造我们的数字世界，我们很容易想象出一个完全脱离键盘和鼠标的未来。

然而现实情况是，使用键盘或鼠标依然是目前最好的输入方法。现有的 AR 产品显然考虑到了这一点，例如，Meta 2 就接受键盘和鼠标输入。而且，虽然 Meta 2 的设计师认为随着手部跟踪技术的发展，对鼠标的依赖会逐渐减少，但在诸如长文本输入这样的情况下，键盘仍是在可预见的未来最简便的输入方法。当然，随着语音控制技术的兴起（后面进行讨论），也许对键盘输入的需求也会减少。

（六）运动控制器

即使微软 HoloLens 这样的低端头显也配有非常简单的外围设备，如 HoloLens Clicker（图 2-2-6），这是一款让用户能够以最小的手部动作进行单击和滚动的设备，避免了在空中做单击手势，那很不舒适。

图 2-2-6　HoloLens　Clicker

像 Clicker 这样的简单控制器，主要用来弥合无须硬件的自然控制方式（如语音和手势）与全功能的运动控制器之间的差异。Clicker 通常与注视控制功能一起使用，可以让用户进行简单的互动，例如，先注视某个数字影像，单击选中（或者按住后滚动），然后向上或向下翻转 Clickero Clicker 确实解决了手部跟踪技术存在的一些问题。单击选取，随心所欲，无须将手放在头显的视线内。还有一些高端一点的设备，如微软目前用于 Windows Mixed Reality 的运动控制器和 Magic Leap 的“6 自由度”控制头显。AR 版的运动控制器与 VR 版的非常相似，都在尽力模仿手部和手势的自然动作。

在 AR 中使用运动控制器可以实现某些仅靠手势无法做到的功能，例如，给数字影像的选择和移动添加更多选项。

总体而言，AR 目前可用的控制器少于 VR。VR 在消费领域已走在前面，AR 要迎头赶上还得努力，但我们还是能看到一些成果。AR 的专注点是现实世界和虚拟世界的融合，最关键的是要在两者之间建立连贯的关系。建立这种关系意味着在硬件解决方案上要遵从“少即是多”的理念，选择最自然的互动方式（手部跟踪、语音输入）。很可能用不了太久，AR

用户就会发现自己可以通过触摸、注视、语音和手部跟踪等各种方式与AR世界中的数字影像互动。

二、市售产品的形态规格

VR产品的样子大都趋于统一（一般都是覆盖头部或眼睛，带有耳机和一对控制器的头显），AR则大不一样，各大厂商仍在努力探索最适合它的形态和规格。现在AR产品的外形花样繁多，有眼镜、有头显、有大型的平板电脑，也有小型的手机，甚至还有投影仪和平视显示器（HUD）。

如果说所有这些外形都适合用来玩AR，还真是完全可能的。但也有可能这些都不是最好的，真正“最适合”的外形也许另有他选（是什么呢？会不会是AR穿戴式接触，只有时间能证明最终的答案）。但此时此刻，我们可以评价一下市场上那些十分受欢迎的产品。

由于形态规格的多样性，目前，不同形态规格的产品，其AR体验有着很大的差异，每种都有适合自己的市场。接下来，我们将了解AR产品最常见的形态规格，以及它们各自的用途和消费人群。

（一）移动设备

移动设备可以算是AR体验的低端产品，目前占据了AR市场的最大份额。其实像Snapchat、Instagram、Yelp和Pokemon Go这样的很多应用在有些地方为玩家提供了基本的AR体验，尽管大多数用户可能没有意识到这一点。每当你在Snapchat上给自己的照片添加兔子耳朵或是发现皮卡丘在公园里跳来跳去时，实际上你正在手机上使用原始形式的AR。如图2-2-7所示，是Instagram上发布的利用数字叠加增强后的用户视频（真实世界）。

虽然在移动设备上早就可以构建AR体验场景，但ARKit和ARCore的发布无疑使开发人员更容易做到这一点。ARKit和ARCore分别是用于为iOS和Android构建基于AR的应用程序的基础开发包。它们具有相似的功能集，主要用途是让开发人员可以简单地把数字影像放置在用户环境中，而这些图像要让最终用户觉得看起来很“真实”。这些功能包括“平面检测”（在空间中正确放置物体）和“环境光照度估算”（检测现实世界的

图 2-2-7　AR 用于 Instagram

光照度并使开发人员可以在数字影像上模拟出同样的光照效果)。

ARKit 和 ARCore 不是硬件设备，而是开发人员用来为特定硬件编写应用程序的软件开发包。这两种开发包虽然需要与 iOS 和 Android 设备互动，但都不是硬件本身，当然，这是一件好事。这样我们可以使用现有的移动设备来体验苹果公司和谷歌公司的 AR 世界，而不必另外购买设备，前提是自己的设备要符合 ARCore 或 ARKit 的最低技术要求。

（二）AR 头显

移动设备是很多 AR 用户的初体验，当然，是最低端的那种，而且这种尴尬的境地是由移动设备自身的外形和规格所决定的。用户需要一直握住设备，使之捕获现实世界的图像，这样增强的数字内容才能叠加在上面。而现有移动设备的外形尺寸远小于用户的整个视野，所以视窗就只有屏幕大小。

头显可以为 AR 应用程序带来更加身临其境的用户体验，如 Microsoft HoloLens、Meta 2 和 Magic Leap。接下来我们会发现 AR 头显的第一个小问题：与 VR 比起来，头显有多落后。这 3 款设备可能是所有 AR 头显中名气最大的，但没有一款真正成为大众消费品。HoloLens 虽已上市，但它只对企业销售，不面向消费者。Meta 2 也已上市，但仅作为开发人员工具包使用，不是完整版。大多数 AR 头显都设计成大号的头戴或头盔式的外形，前面装有半透明的观察镜，如图 2-2-8 所示。头显会将数字内容叠加在从现实世界捕捉到的图像上，然后再把合成的图像投射到观察镜的表面上。Magic Leap One 的工作方式略有不同，图像是通过目镜（一对）和光场一起显示给用户的。有些头显则是一体机，以牺牲处理能力为代价提供更大的移动自由度。也有一些头显（如 Meta 2）需要连接到处理能力强大的计算机上，但是不能随意移动。Magic Leap One 的原理介于两者之间，需要连接 Lightpack（一种小型可穿戴计算机）为其 Lightwear 目镜提供运算能力。

图 2-2-8　用户通过手势在 Meta 2 的数字影像中导航

Windows Mixed Reality 可能是一个很有趣的例外。凭借在 VR 和 AR 领域的实力，微软似乎坚信 VR 和 AR 最终会融合在一起。与 HoloLens 和 Meta 2 不一样，根据设计，目前的 Windows Mixed Reality 不是把图像投射到半透明的观察镜上，而是采用前向摄像头，这应该是一种直通式的设计。但是，这个功能并未成形。

如表2-2-1所示，是三大AR头显的对比。

表2-2-1　头戴式AR装置对比

	Microsoft HoloLens	Meta 2	Magic Leap
平台	Windows	专用系统	Lumin（专用系统）
是否一体式	是（无线）	否（以有线方式接入PC）	需要连接Lightpack计算机
视场	未知35度	90度	未知
分辨率	1268×720	2560×1440	未知
重量	1.2磅（约0.54kg）	1.1磅（约0.5kg）	未知
刷新率	60HZ	60HZ	未知
互动模式	手势、语音、点击	手势、位置跟踪感应、传统输入（鼠标）	控制器（手持式“6自由度”控制器），其他

虽然这一代AR头显能给我们带来目前最好的AR体验，但它们仍然都是临时解决方案。没有人能百分之百地肯定AR最终的模样。最终结果有可能是混合型头显（如微软心目中的Windows Mixed Reality），也可能是AR眼镜这样的形式。

（三）AR眼镜

在不久的将来，体验AR的最佳方式可能就是一副简单的眼镜。现在的H010Lens和Meta 2更像一个巨大的面罩，不能算是AR眼镜。Magic Leap One要接近些，但目镜还是太大了。谷歌眼镜（Google Glass）和最近发布的英特尔Vaunt才算得上是AR眼镜，知名度很高。但严格来说，它们比可穿戴式HUD也只是稍微好些。它们的视场太小，图像处理性能薄弱，也缺乏将数字内容“放置”在真实环境中的能力，而且分辨率极为有限，互动性也不足。如图2-2-9所示，描绘了用户使用谷歌眼镜通过滑动侧面的触摸板来浏览眼前显示的内容。

图 2-2-9　谷歌眼镜 Explorer 版

尽管像谷歌眼镜这样的 HUD 很有趣，但没人把它们当成真正的 AR 设备。随着 ARKit 的发布，再加上苹果公司首席执行官蒂姆·库克盛赞 AR 代表着技术的未来，人们普遍猜测苹果公司计划推出自己的 AR 眼镜。当然这有待苹果公司的确认。而目前，只有移动设备和少数 AR 头显上有 AR 的内容。

三、当前暴露的问题

长期以来，AR 看起来一直被 VR 的光芒所掩盖。公众一直想象着可以畅游与现实世界彻底分离的虚拟世界，而不仅仅是现实世界的“增强版”。而从另一角度看，在工业制造等企业级领域，AR 早就有了许多实际应用。慢慢地，随着用户在工作中对它越来越熟悉，很有可能引爆家用消费级 AR 市场。

这意味着我们可能要到十年后才能迎来 AR 的大规模普及，而且这个结论看起来很合乎逻辑。但不管是 VR 还是 AR，都有亟待解决的技术问题。虽然 AR 面临的问题大都与 VR 一样，但也有自己独有的问题，包括计算机视觉技术如何检测真实物体、如何把透明显示屏的外形做得更独特（如果不使用摄像机作为媒介）、如何放置数字物体，以及在现实世界中如何锁定数字影像等。

（一）造型和第一印象问题

全面唤醒公众的兴趣是AR迄今为止为赶上VR的步伐迈出的最重要一步，事实上这也可能是它必须应对的最大问题之一。要体验VR，用户必须另行购买外设，如昂贵的头显和配套的计算机。而AR只需在符合标准的移动设备中增加相应的功能就可以立即将某种形式的AR体验送到数亿用户的手中。

当然，这样的AR体验远远称不上优质。为了让这些本来不是专门用于AR的设备能够体验AR世界，苹果公司和谷歌公司的工程师做了大量卓越的工作，大多数消费者往往也只能靠移动设备来完成自己的AR初体验。

俗话说，人永远不会有第二次机会给别人留下第一印象。如果用户在移动设备上得到的AR体验很差劲，他们可能会以为所有AR的水平都与移动设备一样，从而彻底告别对AR的尝试。然后，他们可能会错过那些更棒的AR产品。

（二）成本和供货问题

解决“第一印象”问题的方法其实是它自身的问题。虽然AR头显和AR眼镜大都正处于研发阶段，有少数几种可以在市场上买到，只不过大部分都是针对企业的“开发者版”，总的来说，还没有准备推向公众消费市场。

此外，与有很多廉价头显可以用的VR相比，要想得到AR头显和眼镜往往要花费数千美元，除了那些狂热地追“新”族和技术拥趸，没有多少人承受得起。这种成本差异也解释了为什么AR的大范围普及估计会比VR晚几年。

“技术普及周期”描述了新产品和技术被公众接纳的过程。AR（特别是AR头显）在很大程度上仍处于整个普及周期的早期阶段，也就是“创新期”（Innovators）。对任何一项技术而言，顺利脱离“普及前期”（Early Adopters）的困境，跨越鸿沟进入“大规模普及前期”（Early Majority）都是巨大的挑战。

第三节　混合现实的现状分析

MR即混合现实，与VR、AR同属于现实增强技术，是由“智能硬件之父”多伦多大学教授史帝夫·曼提出的新概念，它包括了增强现实和增强虚拟，指的是合并现实和虚拟世界而产生的新的可视化环境，即数字化现实+虚拟数字画面。

可以说，MR是站在VR和AR两者的肩膀上发展出来的混合技术形式，相当取巧，是一种既继承了两者的优点，同时也摒除了两者大部分缺点的新兴技术，MR与AR、VR两者的融合主要体现在渲染和光学+3D重构上，而它们唯一的共同点便是具有实时交互性。即MR=VR+AR=真实世界+虚拟世界+数字化信息。

混合现实可以让我们在观察现实世界的同时把计算机生成的内容整合进去，而且这些内容可以与现实世界互动。当然，也可以创建完全数字化的环境与现实世界中的东西互联。这种方式使MR有时像VR，有时又像AR。在基于AR的MR中，数字世界的事物不再生硬地置于现实世界之上，而是表现为现实世界的一部分。虚拟物体看起来好像存在于现实空间中，人们甚至可以与一些虚拟物体进行互动，就像它们真的存在一样。例如，我们可以将一枚虚拟火箭置于咖啡桌上，看着它发射升空，也可以让虚拟足球在现实世界的墙壁和地板上弹跳。

苹果公司的ARKit和谷歌公司的ARCore虽然叫作AR，但实际上介于AR和MR之间，这也说明在业内确实存在命名偏差的现象。虽然它们都是把数字影像层投射到真实世界中，但也具备扫描现实环境和物体表面追踪的能力。而用户也因此能够将虚拟物体放置在现实世界中，把虚拟阴影投射到真实世界的物体上，还可以根据现实世界的照明条件调整虚拟物体的亮度等——所有这一切都更偏向于MR。

在其他一些MR实例中，虽然我们可能只看得到完全数字化的环境，看不到现实世界，但数字环境与我们周围的真实世界的确密不可分。在虚拟世界中，真实世界的桌子或椅子可能会显示为岩石或树木，办公室墙壁也可能看起来像布满苔藓的洞穴内壁，这就是基于 VR 技术的 MR，有时也叫作“增强虚境”。

按照严格的定义，AR 是不与增强后的数字世界互动的，而 MR 可以。但这些曾经严格区分的定义现在也越来越模糊。通常情况下，“混合现实”和“增强现实”可以作为同义词使用。随着时间的流逝，它们的内涵也可能会改变或延伸。

你可以戴着 MR 设备进行摩托车设计，现实世界中可能真的有一些组件在那里，也可能没有，也可以戴着 MR 设备在客厅玩游戏，客厅就是你游戏的地图，同时又有一些虚拟的元素融入进来。总之，MR 设备给到你的是一个混沌的世界：如数字模拟技术（显示、声音、触觉）等，你根本感受不到二者差异。正是因为这些介导现实技术才更有想象空间。

在设备方面，微软公司于 2015 年开发出的一种 MR 头显 Holo Lens 和 Magic Leap 公司正在研发的产品，都可以称得上是 MR 设备中的代表。

微软的 Holo Lens（图 2-3-1）是基于 AR 技术的 MR 头显，能够扫描真实环境并同虚拟物体融合在一起。微软的 Meta 2 也采用了这项技术，比苹果公司和谷歌公司目前基于平板电脑的产品更进一步。Meta 2 能把数字环境投射到半透明的面罩上，使我们的双手能够与数字物体进行互动，简直像真的一样。

图 2-3-1　微软的 HoloLens 头显

使用者可以很轻松地在现实场景中辨别出虚拟图像，并对其发号施令。最典型的 MR 应用场景就是微软在 Holo Lense 发布会上展示的，用户可以在自家的客厅里大战入侵的外星生物，如图 2-3-2 所示。

图 2-3-2　用户使用 HoloLens 在家中畅玩

并且，使用 Holo Lens 的用户仍然可以行走自如，随意与人交谈，全然不必担心会撞到墙。眼镜将会追踪你的移动和视线，通过摄像头对室内物体进行观察，因此设备可以得知桌子、椅子和其他对象的方位，然后其可以在这些对象表面甚至内部投射 3D 图像，进而生成适当的虚拟对象，通过光线投射到你的眼中。因为设备知道你的方位，你可以通过手势（目前只支持半空中抬起和放下手指点击）来与虚拟 2D 对象交互。各种传感器可以追踪你在室内的移动，然后通过层叠的彩色镜片创建出可以从不同角度交互的对象。此外，它还可以投射新闻信息流、收看视频、查看天气、辅助 3D 建模、协助模拟登陆火星场景、模拟游戏，等等。

Magic Leap 成立于 2011 年，是一家位于美国的增强现实公司。Magic Leap 是一个类似微软 Holo Lens 的增强现实平台。它涉及视网膜投影技术，主要研发方向就是将三维图像投射到人的视野中，如图 2-3-3 所示。目前 Magic Leap 正在研发的增强现实产品可以简单理解成谷歌眼镜与 Oculus Rift 的一种结合体，但它还没有推出过正式的产品，人们所看到的让人吃惊的画面也仅为概念视频，并不是我们所想象的裸眼 3D，因为影像是要投到介质上的，只能说是一个让人惊艳的效果图。关于 Magic Leap 的产品，Rony Abovitz 将它描述为一款小巧的独立计算机，人们在公共场合使用它也可以很舒服。

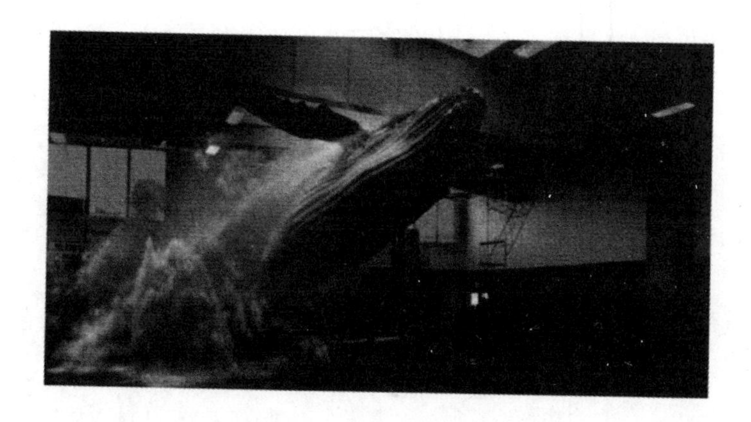

图 2-3-3　Magic Leap 官网宣传图

就 MR 的定义来看，或许会让读者感觉与 AR 十分接近，但其实两者之间有两点明显的区别：一是虚拟物体的相对位置会否随用户而改变；第二则是用户是否能明显区分虚拟与现实的物品。

第一点，以谷歌眼镜（属于 AR 产品）为例，如图 2-3-4 所示。它透过投影的方式在眼前呈现天气面板，当你的头部转动的时候，这个天气面板都会随之移动，跟眼睛之间的相对位置不变。反之，Holo Lens（属于 MR 产品）也有类似功能，当 Holo Lens 在空间的墙上投影出天气面板，无论在房间如何移动，天气面板都会出现在固定位置的墙上，也就是所投影出的虚拟资讯与你之间的相对位置会改变。

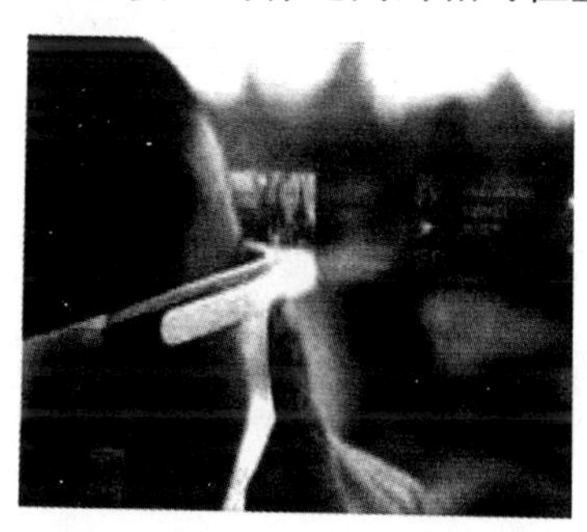

图 2-3-4　谷歌眼镜投影虚拟物体（左）与 Holo Lens 的虚拟物体（右）

AR 与 MR 的第二点不同则在于投影出来的物件，在 AR 设备中能够明显被辨识，例如 MSQRD APP 中所呈现的虚拟效果。但是 Magic Leap 是向眼睛直接投射 4D 光场画面，因此使用者无法在戴上 Magic Leap 时分辨出真实物体与虚拟物体，如图 2-3-5 所示。

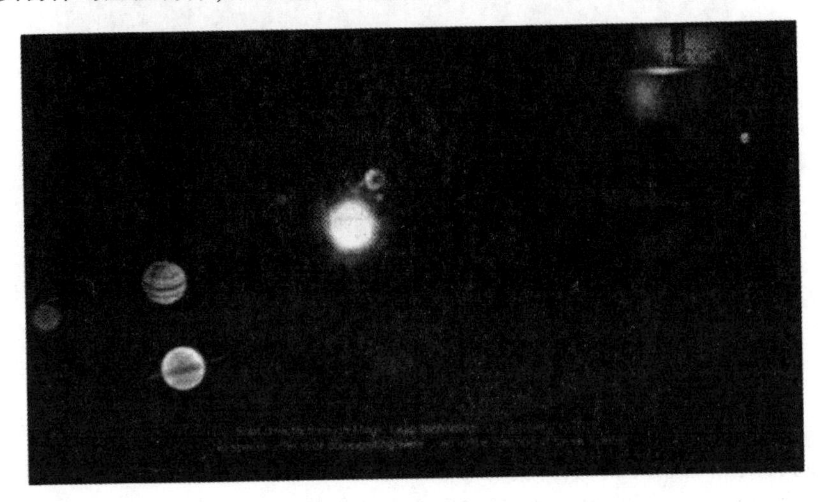

图 2-3-5　Margic Leap

第三章　虚拟现实技术的应用

事实上，对 VR 技术很多人存在错误的理解，认为它主要是用于游戏和娱乐的，但情况并非如此。VR 确实能够带来不可思议的游戏体验，但它的潜力可远不止于此。事实上，如果能跳出娱乐的范畴，把 VR 用于创作、教育、共情和治疗等方面，这项革命性的技术才能真正发挥威力。

本章探讨 VR 在各行各业中的一些具体应用，针对 VR 技术的类型、作用和前景，我们将逐一进行分析。

第一节　虚拟现实技术在游戏行业中的应用

VR 与游戏行业显然是天生一对，游戏玩家往往是相当精通技术的群体，所以游戏行业是最早认识到 VR 的潜力并推动其发展的行业之一。

本节讨论的内容是 VR 游戏场景。从《大陆尽头》（Land´s End）等简单的益智游戏，到《生化危机 7》（Resident Evil 7）等恐怖游戏，再到《超级火爆》（Super Hot）或《机械重装》（Robo Recall）等激情的射击游戏，精彩绝伦的 VR 游戏真是数不胜数。人们不需要花太多的时间就能搜索到制作精良的 VR 游戏，本节主要讨论的是一些比较“低调”的 VR 游戏类型，分别是社交游戏和 VR 游乐场。

在某种程度上可能是由于游戏行业很早就采用了 VR 技术，VR 在游戏市场上最大的问题是 VR 的爆红到底能不能满足游戏消费者的期望。玩家对 VR 技术的接纳其实早在 2012 年 Oculus DKl Kickstarter 发布的时候就已经开始了。只不过从那时到现在，虽然 VR 技术取得了巨大进步，但还没达到全面占领大众消费市场的水平，这个行业中有些人已经开始失去耐心，不知道 VR 什么时候才能实现突破。

一、VR 游乐场

有些用户喜欢舒适地待在家里用 VR 设备到处转悠，而有些人喜欢的正相反。美国有很多购物中心现在正流行 VR 游乐场，VR 游乐场和主题公园在日本遍地开花，中国也在贵阳建了一个大型 VR 主题公园——东方科幻谷。

另外一个例子是东京的 AdoresVR 乐园，它在 2016 年 12 月开始试营业，人太多的时候，经营方甚至不得不限制游客人数。游乐场巧妙地把各种技术结合在一起，提升游客的 VR 体验。例如，“飞行魔毯”的玩家站在一个能对自己的动作做出同步反应的平台上，那种感觉真的就像在飞。有趣的是，VR 技术并不仅仅是 HTC Vive 和三星 Gear 这种让人购买后在家里用的设备。

游乐场的成功之处在于把本来是一个人玩的 VR 变成了社交活动：有些游戏是多人玩的，但多数游戏是邀请朋友在大屏幕上看自己与怪物或机器人战斗。Adores VR 乐园把一个人玩的游戏变成了社交游戏。同样在东京，万代（Bandai）和南梦宫（Namco）这两家游戏厂商联手打造了名为“VR 特区”（VR Zone）的一家 VR 游乐场，有多种 VR 游戏，而且大多是多人游戏，有专门的设备增强用户的 VR 体验，例如，极受欢迎的“马里奥赛车 VR”（Mario Kart VR）就配有真正的卡丁车，在赛道中能转能动，非常逼真。它与 Adores 一样，用的也是 HTC Vive 头显。

事实证明，VR 游乐场确实燃起了公众对 VR 的兴趣。对一些消费者来说，高端头显的价格实在是太贵了，所以人们才竞相到游乐场体验 VR，这也说明公众确实对 VR 很感兴趣，有很多大公司正在其中寻找商机。这个行业还在探索家用 VR 的合适价位，而与此同时，VR 游乐场已经开始赚钱了。也许就算消费级 VR 头显得到普及，VR 游乐场依然能够保持生命力，因为它的社交性和互动体验在家中根本无法复制。

二、Rec Room

Rec Room 常常被叫作"VR 版的 Wii Sports"，这个称号可是来之不易。Wii Sports 被广泛认为是任天堂 Wii 系统最好的游戏之一，深受玩家的欢迎。这款游戏不仅没有花哨的画面，甚至连真实的故事情节都没有，可它就是做到了这一点，依靠的正是两个字——有趣，而且用户可以从中学会使用新的运动控制器。

在这方面，Rec Room 与 Wii Sports 可以相提并论。Rec Room 有一系列简单的迷你游戏，如彩弹、躲避球、字谜和其他冒险游戏，玩家可以从中掌握 VR 的基本控制方法。每个迷你游戏的控制都很简单，大都玩起来很轻松，但是它们足够有趣，让玩家可以几小时不罢手。

Rec Room 的亮点是玩家之间可以相互交朋友，它的空间很大、很开放，玩家可以一起聊天，一起玩飞盘飞镖，不一而足。而且使用麦克风语音聊天很方便，玩家也可以进入各个游戏室参加派对。另外还有一些其他特色（如任务模式、私人房间等），但都属于社交范畴。

图 3-1-1 所示是多人游戏 Rec Room 的屏幕截图，其中有很多迷你游戏可以真人对战，如彩弹、激光枪战和板球。

图 3-1-1　多人 VR 游戏 Rec Room 的屏幕截图

正是“简单”成就了 Rec Room 的卓越，VR 游戏的开发者都应该认识到这一点，其实一款游戏既不需要有多炫，又不需要复杂的故事情节，一样能收获成功。《反重力》（Against Gravity）是 Rec Room 里面的一款小游戏，其开发人员费了很大功夫研究多人 VR 游戏究竟为什么让人觉得好玩，终于明白如何把游戏创意变成数小时不间断的愉快体验。

第二节　虚拟现实技术在娱乐行业中的应用

普华永道最近一份有关未来 5 年内娱乐和媒体行业前景的报告指出，这个行业的增长很可能跟不上 GDP 的增长。这家全球头号会计师事务所还特别指出，到 2021 年，电视和电影等传统媒体在全球经济中所占的比例可能出现增长乏力的情况。娱乐业的下一个增长点很可能来自 VR 等新兴技术，但这波浪潮来得有多快，应该如何利用，才是真正的问题。

VR 介入娱乐领域面临的首要问题是这个市场能以多快的速度成熟起来。VR 作品的竞争力离不开高质量的内容，同时还要让创作者赚到钱，但是 VR 市场仍未成熟，内容的创作者们仍在探索可行的赢利模式。

一、现场活动的未来

Kalpana Berman 是英特尔的一名产品经理，负责利用 Intel True VR 技术设计和构建应用程序。作为英特尔 True VR 技术理念的践行者，她对其技术路线图、需要克服的挑战以及现场直播的未来有自己的看法。

TrueVR 今后的发展路线图目前仍然保密，但 Berman 从更广泛的角度讨论了她对这项技术未来走向的见解。

“我认为未来应该是这个样子……VR 中会出现新的海量视频处理技术，用户想在哪里看就在哪里看，视角不会固定不变。想象一下能从任意角度回放比赛画面的样子，我们希望球迷在观赛时不仅有身临其境的感觉，还能体验到他们在现实生活中无法体验到的东西。”

VR 能以一种全新的可视化方式摄取信息。关于如何在 3D 空间中呈现这类数据，我们正计划开展各种试验，打算给用户带来真正个性化的体验。最后，我们认为 VR 最有价值的地方之一是实现了用户之间的远程连接。运动是球迷的社交。如果人们可以与散落在世界各地的大学校友一起来一场比赛，那会是什么样子？未来，我们的着眼点不仅是 VR 头显用户之间的体验共享，怎样让那些没有头显的人参与分享更是我们前进的目标。

利用 VR 技术实现这一目标仍有许多障碍需要克服，Berman 女士补充道：市场份额并不是我们现在的目标，原因有很多：造型不舒服、计算强度不够、带宽不够，以及 VR 体验太过孤独。但最重要的是，我们需要达到这样一个水平——VR 直播的质量要与电视直播持平，甚至更好才行。要做到这一点，不仅是视频捕获技术，整个内容产业链（包括创作、生产和销售）都必须取得重大进步，恐怕至少还需要 3—5 年的时间。

关于现场直播的未来，Berman 女士说道："现场直播和体育比赛是仍在维持传统电视、有线电视行业运转的少数领域之一。我认为，如果我们能够解决 VR 普遍存在的一些问题，VR 就能够改变人们观看现场活动的方式。未来可以想象的是，人们戴上头显就能和不在身边的朋友一起去听音乐会；一周参加一次篮球联赛；少年棒球联盟的教练能通过 VR 观看和点评比赛；球迷能戴着头显一边看球，一边观看梦幻选手排名的更新，同时在赛场上东奔西跑。"

二、Intel True VR

体育赛事直播和 VR 之间的关系一向很纠葛。一方面，现场观赛天然具备社交性质，与 VR 的"孤独"本性相去甚远；另一方面，即便是假的，VR 也能给用户带来前所未有的"身临其境"感。

接下来提到的是英特尔的 TrueVR 技术。True VR 是英特尔的 VR 现场直播平台，配备了全景立体摄像机，能够从以往想不到的视角拍摄画面。英特尔在美国职业棒球大联盟（MLB，Major League Baseball）、美国职业橄榄球大联盟（NFL，National Football League）、美国职业篮球联赛（NBA，National Basketball Association）和奥运会赛事中都采用了这种技术。True VR 让人们在虚拟世界中梦想成真，球场上方的任何位置都可以成为视角。在棒球比赛中人们可以待在本垒板的后面，本垒打结束之后，也可以跑到休息区近距离观察选手的反应。除此之外，英特尔还设计了一些大多数游客根本去不了的拍摄地点，如亚利桑那州大通球场（Chase Field）的游泳池和波士顿芬威球场（Fenway Park）的“绿怪”（Green Monster）。英特尔也给 True VR 系列 App 加上了深层次的功能，包括实时统计、分类视图、VR 评论、高亮显示等。总而言之，True VR 不仅把现场完完全全地重现了出来，还增加了个性化元素和更多的功能。

我们猜不到 VR 和现场直播之间关系的最终走向，而且 True VR 自身也在不断地演化，但是，有了这项技术，未来我们戴上头显欣赏体育比赛可能就像现在打开电视一样自然，也许效果还更令人满意。

图 3-2-1 所示是 NBC Olympics VR 和 NBA on TNT VR 的屏幕截图，这两款 App 都采用了英特尔的 True VR。

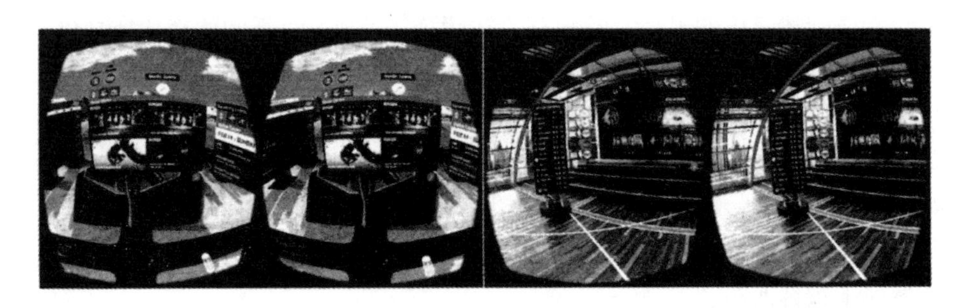

图 3-2-1　NBC Olympics 和 NBA on TNT（基于 True VR 技术）

三、特殊地点的 VR 体验

Brad Purkey 是西雅图流行文化博物馆（Museum of Pop Culture，前身为 EMP）的互动项目主管，擅长运营各种针对特殊地点开发的 VR 体验，其中最著名的一款是从《权力的游戏》中衍生出来的“登上绝境长城”（Ascend the Wall）。下面是他分享给我们的经历：

我们的 VR 体验项目一直都需要大量的人力，我们需要摆放设备的地方，也需要人来监控运行，因为 VR 不像 iPad 那样，人们拿起来就知道怎么做。当然，随着它越来越普及，情况会发生改变。但这个问题很有意思：吸引游客要靠自己的特色这个道理没有错，但使用人们熟悉（甚至自有）而且懂得怎么操作的硬件会很有优势，因为会更容易上手。而且也许我们没必要提供硬件，毕竟轻易就能得到的东西反而会丧失吸引力。

我认为，如果把 VR 当成体验的全部，其实没多少亮点，但如果把 VR 置于更宏大的背景下去体验，如我们的世界，它就会变得强大。《权力的游戏》里面还有 4D 元素（如升降机和用风扇吹冷风）——甚至那些简单的小玩意也能丰富用户的体验。特殊地点的 VR 体验确实只能作为整体的一部分，这样才更能引人入胜。博物馆这些地方就是这样做的，VR 只作为一种特色项目存在，是整个观光体验的一部分。

至于 VR 何时成为主流有没有时间表，看看 iPhone 的演变就知道了。iPhone 大概是在 10 年前发布的，这 10 年它的发展速度非常惊人。我相信 VR 也会有相似的速度，比许多人想象得要快。5 年后，VR 就将无处不在。我可以想象 10 年后……某种与谷歌 AR 眼镜很相似的东西，可以迅速发展为 VR 头显——内容的闸门旋即打开，带我们走进一个魔幻的世界。当然，这一切要靠内容创作人员们的拼搏。几年前当我们在博物馆里谈论 VR 时，我们会想："它这么罕见，肯定会有很多人来看。"现在呢，几乎每个博物馆都有——不再罕见，现在的关键是要有吸引人的内容。

当被问及 VR 有没有可能与博物馆（或其他实体机构）平起平坐甚至取而代之的时候，Purkey 说：

"我觉得数字世界的未来会让人们深陷其中，人们实际上会更想看到更真实、更客观存在的东西。每次在博物馆里看到这些真实的艺术品时，我常常会惊异于它们对我的影响。举个例子，假设我们正在举办 Jim Henson（美国布偶大师）的作品展，然后看到 Grover（一款布偶形象）就在我面前，真实的 Grover——这与看照片真的太不一样了，看照片不会有这种感觉，总会有一些东西让你觉得不同。所以我认为，VR 永远都不会取代现实，它只是用来丰富我们的现实生活。"

四、碎片大厦

碎片大厦，也叫"摘星塔"，是位于伦敦南华克区的一栋 95 层的摩天大楼，高达 1016 英尺（约 310m），是英国最高的建筑。

在大厦最高层的天桥上有两台特殊的 VR 观光娱乐设备，分别叫作“滑滑梯”（The Slide）和“迷魂机”（The Vertigo）。在“滑滑梯”中，游客被固定在一把会动的椅子上，然后从虚拟世界中的碎片大厦屋顶沿着滑梯一跃而下，观看从未目睹过的伦敦天际线。

如图 3-2-2 所示，用户在 VR 世界体验“滑滑梯”，一个可以 360 度调整的座椅给用户带来观看伦敦天际线的体验。

图 3-2-2 用户在碎片大厦体验“滑滑梯”

在“迷魂机”中，游客会穿越到碎片大厦建造的时期，在现实世界中，游客走在离地面几英寸（1 英寸=2.54 厘米）的一块薄薄的平衡木上；但在 VR 世界里，他们是在建造碎片大厦时工人安装的钢梁上，身处 1000 英尺（约 304.8m）的高空。像“滑滑梯”和“迷魂机”这种特殊地方的特殊应用，利用了 VR 技术吸引游客去感受他们在家里根本无法体验的东西。它们也常常用来解决 VR 体验的孤独感问题（有些时候是开发真正的多人体验模式，有些时候是让其他人在一边看某个人玩），所以我们才会经常看到一群人围在玩“滑滑梯”的人旁边，边笑边讨论他们的反应。博物馆和旅游景区之类的地方常常利用这种技术给游客带来更深入、更吸引人的体验。

第三节　虚拟现实技术在艺术行业中的应用

艺术和技术的关系向来模糊，艺术世界对新技术也始终后知后觉。一些批评家坚持认为计算机艺术根本就不是“艺术”，但是，自原始人第一次在洞穴的墙壁上画上标记开始，艺术家们就一直在突破“什么是艺术，什么不是艺术”的界限。随着新型软硬件的出现，无论是艺术家、设计师还是其他热衷创新的人士，都在各显神通，利用新技术来创作前所未有的作品。

本节正是有关人们利用 VR 在艺术世界开展的各种尝试，其中既包括艺术的创作，又包括艺术的欣赏。

VR 推动的不仅是全新的艺术创作形式，还有全新的艺术欣赏途径。此处指的不仅是用 VR 创作的艺术作品，还有很多传统的艺术形式，包括雕塑、绘画、建筑、工业设计等。

一、绘图工具 Tilt Brush

Tilt Brush 在本质上与谷歌 Blocks 3D 建模工具不一样，它是一种绘图和着色的程序。另外，与大多数绘图程序只能画二维图形不同，Tilt Brash 可以绘制拥有长、宽、高 3 个维度的作品。

如图 3-3-1 所示是用户利用 Tilt Brush 在 VR 环境中绘图的情况。

Tilt Brush 很直观，任何年龄的人，不管懂不懂艺术，都能马上上手，在 Tilt Brush 环境中画画，只需要一只手拿笔，另一只手拿调色板即可，与在真实环境中画画一样，画 3D 图形也是，笔法大开大合。但是简单的界面掩盖不了 Tilt Brush 创作优秀艺术作品的能力，用户不仅能与其他人分享自己的作品，还能让他们看到作品是怎样一笔一笔画出来的，整个过程宛如现场直播。通过分解的笔法，其他人也可以看懂作者的绘画技巧，在自己的作品中加以运用。Tilt Brush 还可以导入和编辑其他人的作品，甚至推倒重来，对当今的混成式文化来说堪称完美。

图 3-3-1　Tilt Brush 的使用环境

如图 3-3-2 所示，展示了 Tilt Brush 用户 Ke Ding 重新创作的凡·高的作品《星夜》。人们在 VR 中欣赏这件艺术作品的时候，不仅可以四处打量，还可以从中间穿过去。想象一下如果梵高这样的画家拥有 VR 技术，那么又会创作怎样的一页篇章！

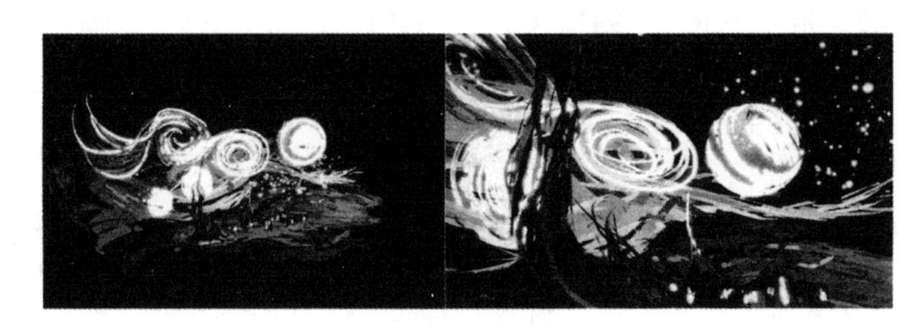

图 3-3-2　利用 Tilt Brush 重新创作的《星夜》

Tilt Brush 未来在艺术领域的地位仍不可知，但它已经证明，VR 技术不仅可以用来制作实用的东西，还可以用来创作艺术作品。谷歌公司已经与很多艺术家和创作人士达成合作，准备利用 Tilt Brush 推动其“家庭艺术家”（Artists in Residence）计划的发展，该计划的目的是改进 Tilt Brush，以更好地发掘这种全新艺术形式的潜力。包括英国皇家艺术学院（Royal Academy of Arts）在内的很多博物馆和艺术机构，都已经开启了以 VR 艺术为主题的展览，探索 Tilt Brush 以及其他 VR 工具会对目前和未来的艺术界产生什么样的影响。

在 VR 的帮助下，艺术家们终于能够创作出传统手段根本无法企及的作品，无论 Tilt Brush 的结局会怎样，很明显 VR 在艺术创作领域的步子才刚刚迈出。HTC Vive 和 Oculus Rift 也支持 Tilt Brush。即使没有 VR 头显，我们也可以在谷歌公司的 3D 素材共享平台 Poly 上用 Tilt Brush 进行创作。

二、VR 世界的艺术创作

Yagiz Mungan 是一位跨界人士，既是艺术家，又是程序员，喜欢用 VR 进行艺术创作。他曾经与作者讨论过他的最新作品《四重线》，一件用 Web VR 创作的合成音乐作品。Yagiz 对他的工作和（作为一种全新艺术形式的）VR 的看法如下。

“我的专业背景比较复杂：音乐、编程、画画。我喜欢创造新的乐器来帮助自己发现不一样的美，启发不一样的想法。在我的最新作品《四重线》中，我想到了一些事情：用数字世界摆脱真实世界的限制，在真实世界中的动作要保持自然，探索虚拟条件下的多人协作方法，为音乐家打造更身临其境的乐器。”

VR 作为一种创造性的媒介是很伟大的——好用又有启发性。从实际角度出发，有些事情在现实世界中是不可能做到的，预算不够或需要相关许可，但这些在 VR 世界里有可能实现。一切都是与感官有关的，现在的消费级硬件已经能实现视觉、听觉和部分触觉（如触觉反馈以及我们踩在地板上也是有感觉的，等等）的功能，人们的头部和手部动作也可以跟踪。于是，用户就有了非常坚实的“存在感”，一旦进入 VR 体验，他们的大脑会自动填充空白。我觉得 VR 很个性化，趣味十足，是一种非常棒的艺术创作手段。

当然，目前的 VR 技术，在迭代、连线等方面都还存在着问题。但如果体验还不错，大脑会自动忽略这些问题。对我来说，最有趣的不是既有事物的再创作，而是发掘出只有 VR 才能做到的新领域。因为有些在现实世界中只能想想的事情，在 VR 世界里是有可能做到的。从这个意义上讲，我眼中的 VR 并非是荒野探险，而是相当于对大海的首次探索，充满了惊奇与体验。VR 发展到今天，我认为我们已经不再处于刚开始学游泳的那个阶段，现在的我们已经站在了海边，甚至海水都已经漫到了我们的胸前。

VR 的发展已经渗透到很多层面：有个人，有公司，也有研究机构。有些在造船，有些在租用海滩，还有些在建水族馆，就看谁会在这一轮炒作周期过去之后存活下来。

三、Pierre Chareau 作品展

Pierre Chareau（皮埃尔·查里奥）是二十世纪上半叶法国的一名建筑师和设计师，以擅长复杂、模块化的家具和家装设计闻名于世。他的设计风格新颖、简约，还可以拆装，吸引了很多注重款式和功能的顾客。

他最著名的一件作品是放在巴黎的 Maison de Verre（意思是“玻璃屋”）。为了展出 Chareau 的作品，纽约犹太人博物馆想了一种办法，不仅可以把他的实物艺术品（如家具、灯具、绘画和室内装饰）放在一起展出，还能利用 VR 技术将观众带到一个他们不可能到的地方——玻璃屋里面去。

如图 3-3-3 所示是纽约犹太人博物馆 Chareau 作品展网站上呈现的虚拟玻璃屋。

图 3-3-3　纽约犹太人博物馆用 VR 技术呈现的玻璃屋

这次展出是纽约的 Diller Scofidio+Renfro 公司（简称“DS+R”）设计的。该作品展使观众有机会欣赏 Chareau 的设计作品（有些家具可能刚刚才在展厅看过）在玻璃屋中呈现的状态，刚好契合了 Chareau 的设计初衷。鉴于根本不可能把玻璃屋本身运到纽约来，因此，这可能是最能让观众感到身临其境的展出方式。

随后博物馆在网站上扩大了 VR 技术的应用范围，供网民在线游览。尽管展出已经结束很长一段时间了，但来自世界各地的观众依然可以访问博物馆的网站，通过 360 度的静态照片欣赏之前曾经在浏览器中呈现的部分内容。

Pierre Chareau 作品展是艺术博物馆行业改变既有展出模式的初步尝试。随着 VR 技术的兴起，像博物馆这种需要人们上门参观的机构，也在想方设法增加自己的特色，吸引更多的观众。在 VR 的世界里，人们可以见到恐怕一辈子都没机会目睹的宝贝，博物馆也可以向观众呈现更加丰富的内容。让我们来想象一下这几个场景：拜访莫奈在《睡莲》（Water Lilies）里画的池塘；用前所未有的 VR 视角欣赏闻名世界的雕塑和建筑。

四、Google Arts&Culture VR

人们可以用 Google Arts&Culture VR（谷歌文化与艺术 VR 版）欣赏世界各大博物馆珍藏的艺术品。与普通博物馆一样，这款应用会根据不同的艺术家群体或时代分门别类。比如，在 Edward Hopper 展区，既有其前辈和导师（如 William Merit Chase）的画作，又有同行（如 Georgia O’Keefe）的作品。

如图 3-3-4 所示是用户在 Google Arts&Culture VR 中参观 Edward Hopper 的画展。

从“早期亚洲艺术家”门类到“当代艺术家”门类，从马奈到凡·高，这款应用可以让我们探索每一个艺术时代和每一件艺术作品。每一件作品都配有语音简介和文字说明，也都可以放大，让用户慢慢欣赏作者的笔法，这在以前根本不可想象。Google Arts&Culture VR 目前仅支持 Daydream，所以不能像在房间模式的 VR 应用中那样可以走来走去。而且在 VR 中加入 3D 艺术品（雕塑、瓷器等）需要增加另一个维度（此处不

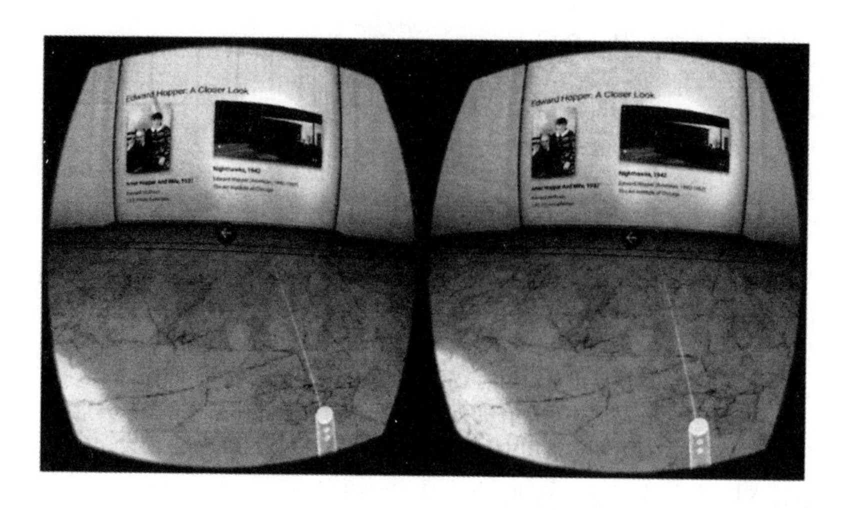

图 3-3-4　Daydream 上运行的 Google Arts&Culture VR

是双关语），目前，还没有哪种方法可以完美地实现 3D 物体的数字化。这款应用虽然还有缺点，但它是谷歌对艺术欣赏新形式的探索，未来可期。

利用 Google Arts&Culture VR，用户可以从现实生活中绝无可能的角度探究这些作品。也许在不久的将来，凡是不允许用户接触的展品恐怕都会被 VR 所取代。巴尔的摩内城区学校里的孩子们可以边上学边游览卢浮宫的画廊，而中西部地区的老年人不用坐飞机就可以参观纽约大都会博物馆。

Google Arts&Culture VR 可在 Google Daydream 上运行。

第四节　虚拟现实技术在教育行业中的应用

VR 和教育有着十分密切的联系。三星公司和捷孚凯（Gfk）公司对 1000 多名教师和教育工作者进行过一次调查，调查结果显示，尽管只有 2%的教师在教室里用过 VR，却有 60%的教师对教学中引进 VR 技术感兴趣，有 83%的教师认为在课程中加入 VR 元素会改善学习效果。此外，有 93%的教育工作者表示，他们的学生热切盼望能在学习过程中用上 VR 技术。

本节阐述了利用VR技术开展教学的一些方法，既包括老师在课堂上开展历史主题VR旅行，又包括VR技术通过教育在激发同理心方面发挥作用。如何激发学生的学习热情，向来是老师们最头痛的问题之一。如果VR能提高学生对教材的兴趣，学生更有可能记住知识。而且，有些学生在学习方面存在着各种各样的问题，这些问题在传统的课堂环境下无法解决，但VR能带来很大帮助。

一、Google Expeditions VR

Google Expeditions（谷歌探险）是一款利用VR技术带着学生环球旅行的教学工具，不需要准备大巴和盒饭。这款应用已有数百条VR旅行路线，涵盖文艺、科学、环境和时政等诸多领域。利用360度的照片、声音和视频，学生可以到刚果研究大猩猩，也可以到大堡礁探索生物多样性和珊瑚类型，还可以到婆罗洲考察环境的变迁。有些本来无法去的地方现在利用三维模型也能去，如人体呼吸系统或细胞的内部。

老师在整个体验过程中担任向导，一般用iOS或Android平板电脑，学生则用谷歌Cardboard设备。所有设备都通过共享的Wifi热点互联，领队（老师）负责控制场景并传送到队员（学生）的设备中。

领队可以把不同的知识和兴趣点指给队员看，如乘坐NASA（美国宇航局）的Juno木星探测器时，把木星的大红斑指出来。点击大红斑后，所有的设备中都会高亮显示，箭头会指引队员前往正确的地点。另外，领队通过平板电脑还能知道每个队员正在看什么，有些队员容易走神，这一招很管用。这款应用还准备了很多不同难度的问题和答案，领队可以拿来考考队员，看他们有没有记住这一路上学到的知识。

Google Expeditions VR把知识活灵活现地呈现在学生面前，既生动又有趣，可比书里的插图强多了。毕竟，在书中读到“哈利法塔是世界上最高的人造建筑”与体会“站在哈利法塔第153层边缘”的感觉根本就不是一回事。

如图3-4-1所示是Google Expeditions在领队的平板电脑上和队员手机上的不同画面，他们探索的是Vida公司开发的《世界节日》（Festivals of the World）。领队的画面上有各种各样的知识和兴趣点用于讲解，还能知道队员们正在看什么。

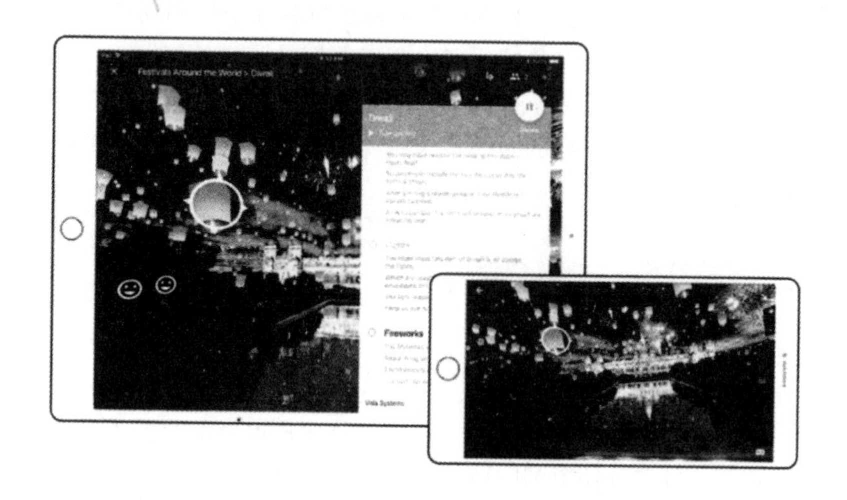

图 3-4-1　平板电脑和手机上的 Google Expeditions

《锡德拉头顶上的云朵》（Clouds Over Sidra）是 Gabo Arora 和 Chris Milk 在联合国的支持下拍摄的一部虚拟现实电影，讲述的是一个名叫 Sidra 的 12 岁叙利亚难民女孩的故事，她住在约旦的 Za’atari 难民营里。镜头一路跟随 Sidra 离家，上学，踢球，最后再回到家，通过画外音、视频和难民营里其他孩子们的照片讲述了一个完整的故事，最后以被一群孩子围住结束。

这部拍摄于 2015 年的电影是一次很有趣的探索，也是用 VR 电影这种方式讲故事的一场试水。电影在技术上并不复杂，效果也不花哨，就是一部简单的 360 度视频，而且也没有那种能让我们大开“脑洞”的东西。没错，这部电影就是告诉我们一段简单的 VR 视频能做什么，通过类似的作品，无论是成年人还是孩童都能了解到真正的难民生活是什么样的。生活中人们常常会自动过滤掉有关难民危机的新闻报道，但在 VR 中，没有这个选择。

随着 VR 头显的普及，用 VR（电影讲故事可能会成为人们了解时事的通用做法，影片《锡德拉头顶上的云朵》也证明了这种办法确实有效。在 2015 年的筹款大会上，这部影片筹集到超过 38 亿美元的款项，比预期高出 70%，而联合国的统计显示，看过这部影片的人的捐款意愿比看之前提高了一倍。

如图 3-4-2 所示，是观众在 VR 电影《锡德拉头顶上的云朵》里的系列旅程 .

图 3-4-2 影片《锡德拉头顶上的云朵》的系列截图

二、Apollo 11VR

《阿波罗 11 号 VR》（Apollo 11 VR）讲述的是阿波罗 11 号宇宙飞船的故事，用户能够身临其境地参与这一历史事件。这款 App 从 NASA 拿到了音视频资料的原始存档，能够根据历史精确重现飞船的内部结构和外部环境。

《阿波罗 11 号 VR》属于互动纪录片的类型，观众不仅能看到正在发生的事情，还能自行操控、着陆和四处探索。

从被动倾听到主动参与正是当今教育行业的发展趋势，事实证明，主动参与学习对于增进理解和改善记忆也有着显著的效果。

观众在《阿波罗 11 号 VR》的体验过程中既能看又能动，这可能正是 VR 引发教育行业“地震”的先兆，同时也表明哪怕是对历史题材的学习，VR 也能发挥积极的作用。

如图 3-4-3 所示，是《阿波罗 11 号 VR》的部分截图。

图 3-4-3 《阿波罗 11 号 VR》的部分截图

第五节 虚拟现实技术在医疗保健行业中的应用

有些人可能会觉得把医疗保健与 VR 放在一起很奇怪，但它还真是最早探索 VR 用途的行业之一。早在 20 世纪 90 年代，医学界的科研人员就已开始研究如何将 VR 应用于医疗，但这项技术现在才刚刚开始在医疗领域发挥作用。

本节涵盖了 VR 技术在医疗领域的几种应用，包括出于同理心的目的开展的疾病模拟，通过构筑难以复制的培训场景来给未来的医学专业人员授课，还有处理心理问题的新方法，如抑郁症和创伤后应激障碍(PTSD)。当然，这些内容只触及 VR 在医疗领域用途的皮毛，随着 VR 的日益成熟，它能做到的事会越来越多。

在医疗领域，VR 的世界是一个令人目眩神迷的新世界，云集了很多新想法。举例来说：一是为外科医学生构建能让他们获得更多手术经验的训练场景，大幅改善患者的治疗效果；二是包括存在帕金森氏症和截肢等各种问题的潜在患者的治疗方案，都使 VR 在医疗领域大有可为。

一、Beatriz：阿尔茨海默病之旅

Beatriz 是 Embodied Labs（角色代入技术实验室）开发的系统，这家实验室专门研究如何利用 VR 技术帮助医疗专业人员真正了解患者，用户在系统中的名字即为 Beatriz，用户要全程体验阿尔茨海默病（也叫老年痴呆症）早、中、晚 3 个阶段的病情变化。

这段经历涵盖了 Beatriz 十年的人生，从 62—72 岁，在每个阶段，你，代表着 Beatriz，要与日益严重的认知障碍进行斗争。在早期，Beatriz 会逐渐意识到大脑正在发生变化，并开始在工作和生活中应对这些变化，工作时会犯糊涂，分不清方向，在其他地方也是，如在杂货店里。

在中期，你要观察阿尔茨海默病如何在宏观层面影响大脑。Beatriz 的角色开始出现幻觉，你在家里变得困惑和害怕，需要帮助和照顾，还会发现家人开始为如何照顾你产生冲突。

最后你会经历阿尔茨海默病的晚期症状。虽然在节日聚会中能感受到一丝快乐，但你会看到 Beatriz 的家人因为她越来越严重的病情产生情感挣扎。

Beatriz 融合了真人 360 度视频、游戏互动和 3D 医学动画等多项技术。Embodied Labs 首席执行官 Carrie Shaw 表示："项目的目标是获取大量的真人数据，然后把数据与身体内部正在发生的事情背后的科学性结合起来研究"。

Beatriz 项目针对的是阿尔茨海默病患者的医护人员和其他承担照顾任务的人，目标是让他们亲历患阿尔茨海默病的真实全过程。拥有与患者一样的眼睛，才能够亲身体会患者看不清楚也听不清楚的痛苦，才能更好地与他们交流，更深入地理解他们的困难，也才能更好地完成自己的医护工作。

如图 3-5-1 所示，是用户正在通过 Beatriz 体验阿尔茨海默病的病情变化。

图 3-5-1　通过 Beatriz 体验患阿尔茨海默病的用户

二、医疗保健行业的新生

Carrie Shaw 是 Embodied Labs 的创始人和首席执行官，这座实验室专门研究如何利用 VR 技术开展医疗培训，帮助人们理解患者。她曾经公开谈过 Beatriz 以及她本人与阿尔茨海默病的关系。

“我 19 岁时，母亲被诊断出患有早发性阿尔茨海默病。从那时起，我们就踏上了照顾她的旅程，这是我绞尽脑汁想弄明白的事情。因为随着她的变化，我无法理解她现在如何通过新的认知方式看待这个世界。但是，我发现，如果能想办法看到她看到的世界，就能瞬间突破语言、文化和教育的障碍。

我和她一起搬回家，承担起照顾她的主要任务。当时她的右脑已经萎缩，导致她的左眼视觉有缺陷。我做了一副简单的眼镜，中间有部分视野用东西遮住，然后试着向其他的护理人员解释她正在经历什么。其实根本就不需要口头解释很长时间，只要戴上这副防护眼镜，他们马上就能明白她正在经历什么，这东西虽然很粗糙，但真的很直观。”

Embodied Labs 开发的软件主要是让医疗专业人员模拟患者的日常生活，帮助他们理解患者的世界，从而更好地同患者沟通，也更好地理解他们的生活和痛苦。

Shaw 还说：“VR 技术模拟的不只是简单的视觉损伤，还是患者的整个世界。我们的目标是利用这项技术帮助人们更好地了解疾病，不再把它当成不可知的神秘事物。”

事实证明VR可以减少人们对其他群体根深蒂固的负面印象。在用了我们的软件之后，经过调查发现对老年人的歧视和负面印象有所减少，我们在抽样分析中看到了可喜的变化。

最后，我们也会跟踪了解系统使用前后分别对护理人员有何影响。在评估工作中，我们会跟踪采集相关数据，并将数据与我们的VR系统高度关联，从而更好地遵守医疗领域的相关规定，达到更高的安全等级，并降低医护人员的流失率。

三、虚拟手术室

VR技术作为一种教学手段在医学领域有着巨大的潜力。在医学领域，不管学哪个专业，要得到适当的培训都很困难，接触不到病人就无法和同行开展学习和研究，就成不了医生或其他医疗专业人员。

Medical Realities（医疗现实公司）是一家专门研究如何利用VR技术从事手术训练的公司。按道理，观摩手术是需要待在手术室的，这家公司希望能用VR技术使观摩能在世界上任何地方进行，2016年，公司的联合创始人Shafi Ahmed医生在伦敦给一名病人切除了癌细胞组织，他是第一个允许VR进入自己手术室的人，有将近55000人收看了这台长达3小时的手术。

Medical Realities的目标是让用户在手术过程中有如亲临，还能按他们最感兴趣的事情改变视角。Medical Realities现有的平台可以在不同的摄像机视频源之间切换，如腹腔镜或显微镜，还有手术台的3D特写。平台内置的教学模块都有VR解剖画面和问题列表，用户可以在前后对比检查，保证学习效果。

VR不仅仅是一种观摩手术的新手段，一家名为“3D Systems”（3D系统）的公司甚至还开发出了外科手术模拟模块，复制了外科手术的环境。LAP Mentor VR是一套完全沉浸式的腹腔镜手术培训系统，用户身处虚拟手术室，耳边有完整而真实的声音干扰，再现了手术室的工作压力。与常规的VR运动控制器不同，“3D系统”公司在自己的产品中用的是TAP Mentor，一套用于模拟实际手术中的人体组织反应，具有真实触觉反馈的控制器。

四、心理治疗

创伤后应激障碍（PTSD）是一种精神健康问题，一般与军队有关，但也可能发生在任何经历过生命威胁的人身上，如搏斗、车祸和性侵。有关该问题的起因和治疗手段，医学界没有达成共识，但暴露疗法很有希望。暴露疗法是一种帮助人们克服恐惧的心理疗法，已被证明对治疗包括恐惧症和经常性焦虑障碍在内的心理疾病很有帮助。

暴露疗法有几种变体，既可以活灵活现地想象和描述让人恐惧的东西，又可以撕开创伤直面恐惧，但有治疗师在旁边看着，让一个人直面恐惧是不现实也不可能的，但这个正是 VR 擅长的方向。有了 VR 技术，就可以不再通过病人的想象来面对创伤，人们可以构建可控的模拟环境，让病人和治疗师共同体验虚拟场景。由于体验是完全模拟的，治疗师能够把恐惧场景的数目控制在适合患者的范围以内，而患者可以在整个过程中与治疗师交谈。

心理治疗并不局限于 PZSD。发表在《英国精神病学杂志》（British Journal of Psychitry）公开版上的一项研究表明，VR 疗法可以通过减少自我批评和增加自我同情来缓解抑郁症的症状。

在这项研究中，一些患有抑郁症的成年人接受了治疗，医生告诉他们要让一个正在哭泣的孩子（当然是虚拟影像）安静下来，他们照做了，孩子也确实渐渐停止哭泣。然后，病人被代入孩子的形象中，他们就能听到“成人版”的自己是如何安抚“化身版”的自己的。研究成果只能算是初步结论，但大多数患者说他们的抑郁症状有所缓解，而且接受治疗后，他们发现在现实生活中对自己不再那么挑剔了。

人们也在研究如何将 VR 用于改善饮食失调和“身体畸形”（认为自己身体有严重缺陷的强迫症）。最近有一项研究邀请了一些女性，让她们估计自己身体各部位的尺寸，然后让她们进入 VR 世界，在里面她们的头部被替换成自己的头像，腹部稍微平坦一些。然后，研究人员要求她们再次估计自己身体部位的尺寸。结果显示，参与者在拥有虚拟身体后对自己身体尺寸估计得更准，作为对比，那些未用虚拟形象替换的情况大不一样。从本质上讲，VR 能够让参与者更好地了解自己的真实模样。这就可能使 VR 成为一种非常有效的治疗方法，用于治疗那些深受饮食失调或“身体畸形”困扰的人，这些人经常错误地看待自己的身形，并以不健康的方式加以调整。通过帮助这些患者树立真实的自我形象，VR 技术可以让他们养成更健康的生活习惯。

第四章　虚拟现实与产品设计

在本章内容中，我们将主要论述虚拟现实与产品设计的关系，主要介绍了七个方面的内容，分别是数字化产品发展对设计的影响、虚拟现实技术在传统设计领域中的应用、产品设计与VR、产品可视化与VR、虚拟交互与VR、视觉传达与VR、以电动汽车开发设计为例。

第一节　数字化产品发展对设计的影响

数字化产品飞速发展，是推动产品设计的智能化、数字化趋势，以数码类产品为例观其发展趋势集中体现在：

一、数字化、界限模糊化及多样化和集成化

当前，科技的发展使数字化的步伐加快是消费类数码产品一个最突出的特点。

（1）数字化。传统的模拟数字产品已经不再适用，逐渐被新的数字化产品替代。当前人们关注市场的热点都是数字化，如数字音响、数字相机、数字电视等产品。由此，数字环境建设的概念也由此而产生，如数字城市、数字家庭等，并且很快就成为热门话题，人们的焦点都集中在了上面。

（2）多样化和集成化的趋势明显。目前，各种游戏机、摄像机、MP3、数字相机及多媒体设备等正逐步侵占以电视、音响为代表的传统家庭娱乐设施阵营。

（3）界限模糊化。目前很难给计算机、消费类数码产品、通信设备划分一个很明显的界限，只能用界限模糊化来进行分类，如拍照手机、具有数据功能的 MP3 等产品在进行科技升级，按照目前的标准很难对其进行分类，它们相互之间的界限已经模糊化。

二、视听技术与高科技信息技术结合紧密

时下流行的网络电视是一个消费类数码产品与信息产品之间无线联网的典型例子，这说明视听技术与信息技术的紧密结合成为一种潮流。另外一个很典型的例子是“蓝牙”技术的运用。这是目前市面上相当流行的无线联网技术，几乎到处可见。可以这样说，不管是个人电脑，还是移动通信等各种消费类数码产品，其联网方式都可以通过无线来实现。

三、消费类数码产品越来越“人文化”

技术新颖是产品的一大卖点，除此之外，尽可能地符合消费者的需求，体现产品的“人文化”是另一个销售热点。比如现在已经应用在电视机上的技术，可以实现自由存储用户喜欢的节目并且电视节目菜单能够按照客户的要求编制出来，这是以往的电视机所做不到的。

四、无线应用技术成为时尚

随着无线技术向各个领域的延伸。人们的生活发生了巨大的变化，工作方式也随之改变，因为这一整套的高科技设备能够及时提供声像、文字传输、图像、网络服务，从而引领生活、工作方式的改变。

五、产品商务网络

网络无疑是 20 世纪以来人们谈论的焦点。网络的快速发展以及计算机的普及，使得人们无论在外工作还是在家生活都变得十分方便快捷。比如

买东西，网上购物已经成为人们消费的主场之一。

从以上论述不难看出，飞速发展的数字化产品，提供了 VR 技术发展的平台。

第二节　虚拟现实技术在传统设计领域中的应用

数字媒体时代下计算机技术的发展，推动了虚拟现实类产品的使用，同时渗透了整个设计领域。计算机运算产生的设计结果，通过设备媒介向设计者展示，并允许设计者做出修改，提高了前期设计的效率。在计算机虚拟的空间中搭建数字模型，模拟自然界中的景象，虚拟现实技术展示一栋栋立体的虚拟建筑物，用户在虚拟建筑中穿梭漫游产生身临其境之感，提升了设计后期的展示品质，这是虚拟现实技术在设计中的基础应用。

虚拟现实应用涵盖设计的所有领域，包括产品设计、视觉传达设计、环境空间设计，如图 4-2-1 所示。虚拟现实除了对设计领域的渗透外，其自身也正在形成以虚拟现实技术为主体的产品，以其技术为主导的设计包括产品可视化、产品展示、游戏开发、虚拟导游、建筑漫游、城市规划漫游、室内设计游览、广告设计、动态标志、虚拟展示等。这些领域中都开始使用 VR 技术来增强其表现功能和产品功能。

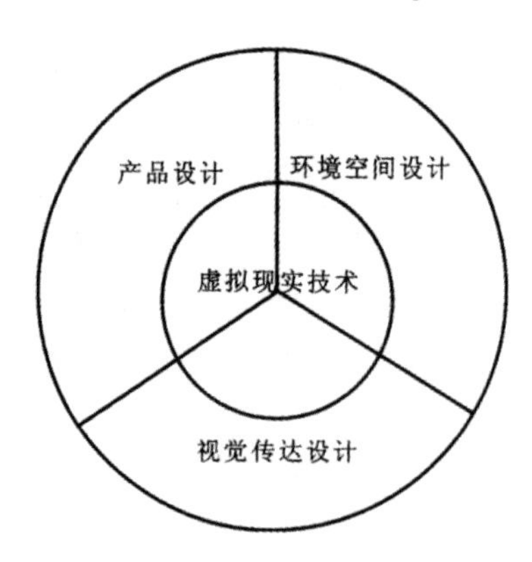

图 4-2-1　VR 的渗透

VR技术贯穿现代设计的全流程，在设计的初期主要表现在虚拟模型，后期则以效果图和虚拟动画方式，设计与表现不必再依赖庞大而昂贵的大型设备，只需在一般的计算机上就可以完成，设计师可以利用这种技术建立构想中的现实场景，也可以用它来分析和预测设计的实际成果。

以VR技术独立开发出的数字化产品正在兴起。这一类产品依赖数字媒体平台发布，人可操控与其交互，近年来数字移动终端几乎控制了人们的业余时间，它像一把双刃剑带来正、反两方面的效应，例如，一方面通过一个移动终端，如手机或其他数字终端，可不受时间、地点限制，随时上网获取任何艺术及人性化的服务。另一方面沉迷于网游，忽视了人与人之间的面对面沟通，但这一潮流是不可逆转的发展方向，只能疏导，而不能强行堵塞。严肃游戏就是一个很好的例证。

第三节 产品设计与VR

产品设计是工业设计的重要内容之一，其由概念设计、产品开发设计、改良设计三个类型组成。一个产品往往最初只是一个想法，把一个想法从理论变成一个产品的过程就是概念设计；产品开发设计是把想法变成可生产的产品并推向市场变成一个商品的过程；改良设计是去发现产品的问题和缺陷，通过改进升级换代，在不断升级的过程中，或随着时间推移，技术发生革命性的改变，材料发生变化，这一切再一次激发出新的想法并形成新的概念，它们之间就像一个圈，周而复始推动社会生产力向前发展。

手绘草图之后虚拟建模便开始了，三维虚拟空间里的模型可以反复不断地修改造型，研究结构的合理性，赋予材质后可对其色彩进行分析和改变。打上虚拟灯，模拟现实光和影，通过渲染可得到产品的机械制图、三维效果图、爆炸图，用这些图可评估和指导生产。三维模型可直接进行3D打印，不在模型制作上花费大量的时间和精力，虚拟现实改变了产品设计的流程。在传统的设计流程里，设计是由草图开始的，然后是效果图、草模、机械制图、1∶1模型；而现在就可遵循新的设计流程：手写板电脑绘制草图、虚拟三维动画效果图、快速成型模型，不难看出数字化已经主导了设计过程。

现代产品设计过程中，基于虚拟现实技术的虚拟制造（virtual manufacturing）技术广泛应用，在一个统一模型之下对设计和制造等过程进行集成，它将与产品制造相关的各种过程与技术集成在二维的、动态的仿真真实过程的实体数字模型之上。可加深人们对生产过程和制造系统的熟悉和理解，有利于对其进行理论升华，更好地指导实际生产，即对生产过程、制造系统整体进行优化配置，推动生产力的跃升。

另外，二维虚拟产品可视化、产品展示作为展示的新颖方式正悄然兴起，二维预想虚拟技术能更全面、生动地体现环境与产品、用户与产品之间的关系。同时在产品的推广与宣传中，所产生视觉冲击力会加强产品的印象，为产品的推广起到重要的作用。

第四节　产品可视化与 VR

从产品设计表现发展的历程来看，分为三个时期：手绘效果图、计算机效果图、产品可视化。产品可视化源于计算机效果图，深化了效果图的单一表现功能，由此拓展出集声音、图像、互动于一体的综合展示形式：它以表现为目的，以技术为手段，以新媒体为平台，在展示产品形态、结构、功能、人机交互的同时，结合环境空间氛围更加逼真地还原产品的色彩和材质，并广泛应用到产品设计领域对以方案评估、设计分析、人机教学、产品体验等专业展示和产品宣传为目的的市场展示活动中。

产品可视化概念的形成是以数字艺术和可视化技术为依托的虚拟现实技术对产品设计表现的一次革命性改变，是可视化技术在产品设计领域中以产品为表现对象的应用，可视化利用计算机图形学和图像处理技术，将数据转换成图形或图像显示在屏幕上，并进行交互处理的理论、方法和技术。可视化技术是用二维形体来表现复杂的信息，实现人和计算机直接交流。可视化技术具有仿真、三维和实时交互能力，从这一点上来看，计算机效果图就是可视化技术的应用成果。

从产品设计表现发展历程来看，设计软件进入产品设计领域宣告计算机效果图时期的开始，这是计算机可视化技术在设计表现中第一次渗透技术与艺术的一次联盟。它终结了以手绘效果图加模型为产品表现手段的时代，加快了产品开发的周期。手绘效果图和计算机效果图时期，表现基本上还停留在产品设计程序上的需要，用来体现设计师的创意理念。随着三维软件版本不断升级，计算机硬件内存不断扩容，保证了视觉文件的渲染与存储，平面效果图表现向二维动画表现过渡，产品可视化概念由此产生，产品表现迈入了以动画表现、交互技术为代表的第三时期产品可视化时期，这是计算机可视化技术在产品设计表现中的第二次渗透，它的核心是视觉表现和交互技术的一次交融，产品设计表现有了更多的表现语言，同时也拓展出其他使用功能，如产品广告、产品多媒体展示、产品交互体验，可以说产品可视化重新诠释了产品表现的方法和手段。

一、视觉表现和交互技术的交融

产品可视化分产品视觉表现和交互技术两个主要方面，这两方面有时是独立的，有时是交融的，其基础部分也是大致相同的，都经过建模、材质、灯光、动画、渲染制作过程，但细节又会根据需求有所不同，特别是后期处理软件和播放模式都不尽相同。

视觉表现实际上是一系列视觉符号的传达。综合产品的造型、色彩、材质等视觉要素。传达产品的功能和结构特征。产品可视化的视觉表现更完整，其表现形式主要包括：图像、声音、文字及产品本身，视觉表现上结合了当下电影中盛行的 CG 影视特效技术。在产品形态、结构、功能表现的同时结合环境空间气氛，逼真展示出产品色彩和材质肌理。视觉表现很重要的一点是镜头语言，由于目的不同，因此在产品表现时虚拟摄像机的推、拉、摇、移和电影的镜头表现有相同和不同之处，它更强调叙事需求，这种需求也决定产品视觉表现不是简单追求镜头的炫、闪和没有内容的华丽场景，它更注重逻辑、条理和清晰性。在制作流程中借鉴动画设计的一些流程，前期准备工作有文字脚本、分镜头设计方案，中期工作主要是动画的制作，后期工作是特效及合成。产品可视化的视觉表现是吸收多种艺术表现形式的综合体。

交互技术从产品使用的角度可以理解为用户与产品及环境之间的互动与信息交换的过程。交互技术的应用领域非常广泛，就产品设计而言，它连接人与产品之间的感受距离，当下交互有两种形式，一种是通过鼠标或手触摸屏幕，在计算机虚拟空间里行走、观看。另一种借助外部设备和装备来完成，数据手套技术就是在虚拟现实中主要的交互设备。它可以控制机器手臂，可以与产品进行抓取、移动、操作、控制，以及对产品进行结构拆装组合。通过交互对产品的功能可视化、结构可视化、操作可视化、控件可视化等内容与产品进行信息交流。

在人机交互领域也不乏视觉表现艺术和交互技术交融的典型案例。2009 年 6 月 1 日举行的微软 E3 展前记者会，最后展示的是由微软旗下英国 Lion head 公司游戏天才制作人 Peter Molyneux 展示的全新概念电脑 AI 交互作品（图 4-4-1），Molyneux 通过微软体感声控摄影机“Project Natal”与一个电脑虚拟小男孩进行即时交互的展示，这个虚拟小男孩不但会跟用户对话，逐渐学习成长，用户也能直接用语音下达命令，甚至如果用户在纸上写字然后用摄影机来拍摄，这个虚拟小男孩还会读纸上的字。Peter Molyneux 表示，此技术未来可有更广泛的应用，提供更多想象空间，而不仅限于游戏领域，也可以应用在诸如智能家居等其他服务场合。

图 4-4-1　微软体感摄影机与 AI 虚拟人交互

由好莱坞特技专家克雷格·巴尔发明的虚拟管家——魔镜（virtual butler），如图 4-4-2 所示，被《时代》杂志评为 2006 年最佳玩具类发明，目前已经上市，售价 19995 美元左右。按照设计，魔镜可与家庭安全系统和家庭自动化操作网络相连（目前未见相关应用报道），大部分情况下魔镜与普通穿衣镜没什么不同，但在启动之后一张神奇的面孔就会出现，用英国管家般傲慢的声音为你提供即时信息，如有辆汽车驶出你的车库、浴缸已经放好热水……但是很多人质疑该款产品形象在家居场合的应用问题，因为它较丑陋，特别是对儿童可能不太适宜。

图 4-4-2　虚拟管家——魔镜

数字化时代智能系统的重要特性之一就是要具有良好的交互性（interactivity）。对于旨在提高人类家庭生活质量的智能家居服务系统，良好的交互显得更加重要。应用于智能家居的基于 Avatar 的 HCI（human computer interaction）系统的开发是提高智能家居人机交互体验的有效方法之一。同时，基于 Avatar 的具有语音和视线交互功能的智能家居终端也属于典型的视觉表现艺术和交互技术交融的产品之一。该项目提出并实现了语音和视线双通道交互，实现了无须手动参与的交互方式，利用中文简化版情感量表，对系统进行实验测试，得到了基于 PAD 情感空间的情感体验描述，实验结果表明具有视线和语音交互功能的 Avatar 智能家居服务系统可以提升用户在交互中的正向情绪，从而提升智能家居领域以用户为中心的自然人机交互体验。该系统 Avatar 由 5 个模块实现：形象模块、视线追踪模块、Socket 模块、语音识别与合成模块和任务推理规则模块。其中视线追踪模块提取用户眼睛注视区域；Socket 模块用于 Avatar 形象模块与视线追踪模块间的相互通信；语音识别与合成模块完成语音交互。由于互相独立地利用多个通道并不是真正意义上的多通道界面，不能有效地提高人机交互的效率，因此该项目利用任务推理规则模块协调从语音、视线两个并行、协作和互补通道的非精确输入获得的任务信息。项目中对话过程的注视程序界面，如图4-4-3所示。

图4-4-3　注视程序界面

人工心理模型驱动的人脸表情动画合成也是视觉表现与智能交互技术交融的典型研究成果之一。通过该项目研究，提出了一种HMM情感模型驱动的人脸表情动画合成方法，该方法以人工心理模型输出概率值作为权重向量，通过因素加权综合法，控制表情动画模型参数。该方法采用的人脸表情动画算法工作量较小、速度快、空间开销小、仿真效果真实自然，特别是与人工心理模型相结合，不但实现了计算机对人类心理活动的模拟，而且情感输出通过人脸表情动画合成技术表达，实现了心理状态对表情的实时驱动，合成的人脸表情动画真实、自然，进一步提高了人机交互的人性化程度。该项目的研发，为虚拟人生成应用、情感计算、情感机器人和友好人机界面等领域提供了一个良好的人机交互基础平台。

二、产品可视化辅助产品设计

辅助设计包括：设计分析、方案评估、人机教学几个方面，产品设计有自身的规律性程序，依靠规律性程序能够提高工作效率。产品可视化深入到产品设计程序中，甚至改变了传统产品设计程序，可视化数字模型全角度观察，它贯穿产品设计的全过程，具体包括：结构装配分析、色彩搭配分析、材料肌理分析。通过动画还可以生成产品的装配过程、爆炸过程、运动过程的动画文件。

开发一件产品是循序渐进的过程。对设计方案而言，每个阶段都是经历反复评估的过程，在手绘时期这是一件繁重的工作，可视化技术可大大减少基础工作量，修改工作只需要改正有问题的地方，而且避免了许多人为误差。

人机教学是产品可视化设计在教学里的应用成果，教师在授课过程中不满足通篇文学教案或静止图片的展示，通过动画或交互的形式把产品做成多媒体课件，这种集图像、声音、虚拟漫游于一体的可视化展示是系统记录和经验保留的形式，可生动、形象地呈现出教师需讲解的内容，它的用途也非常广泛，不仅在学校教学中使用，也用于企业培训。

三、拓展产品市场展示功能

传统产品展示多以产品实物为展示核心，现在除实物展示外增加了多媒体展示内容。以新媒体（传统媒体的数字化延伸、媒介生产流程的数字化、交互媒体）为传播载体，以平面或二维形式将产品的信息传递给观众，具有覆盖面广、速度快、简单、便捷的特征。当下展会中的宣传片、产品简介、空间漫游等数媒作品随处可见，正是因为市场的大量需求，促进了产品可视化在市场宣传领域的不断拓展。

同时产品体验在网络中展示的方式也大行其道，它用虚拟交互方式来诠释产品，通过体验，设计者可发现更多不合理和需要改进的地方，同时也可帮助消费者在使用前了解和掌握产品的各方面性能。目前市场越来越重视客户体验，产品体验作为产品宣传的形式逐渐兴起。但从三维交互体验形式上来看，它还有很大的发展空间。当下客户已经习惯在购买产品之前先进行网上信息查询，这些信息以二维观看形式居多，它加深了客户对产品的全面印象，帮助用户做出购买决定，商家也正是看中这一点，并愿意为此投资，资金的注入在促进网络商业发展同时也会间接地促进二维交互体验的发展。

四、产品可视化是产品设计的主流发展趋势

产品可视化的出现打乱了固有的产品设计程序，并重新建立比之前更简单、实用、易于操作的设计程序。同时，产品可视化游离于产品设计之外，以单纯的视觉表现向着独立产业化、专业化方向迈进。

可视化技术的日益成熟，越来越多的新技术融入产品表现方法里，如VR技术即虚拟现实，AR（augmented reality）技术即增强现实，CG（computer graphics）技术即计算机图形等，另一方面产品可视化观看方式通过屏幕完成，它的存储方式是以数字化文件形式存在，在传播平台上的交流更方便快捷，目前世界上大的设计公司开始尝试通过网络平台，利用视频连接不同地区的设计人员共同开发产品，这些方法的实施从一个侧面反映了产品可视化应用的程度。

一方面，产品可视化设计正向着独立制作、专业化方向迈进，产品可视化在产品设计中起到了简化产品设计表现的作用，设计者个人就可完成，但在产品可视化拓展市场领域里，产品可视化以单纯的产品展示形式出现，它的工作量会变得巨大，流程和人员需求有时甚至不亚于制作一部动画电影，它需要一个团队。另一方面，市场对产品的宣传需要可视化技术，各种展示会、多媒体宣传、网络产品推销等都需要大量的产品视觉表现和可交互体验的产品可视化作品，这促使产品可视化形成行业和产业链，从而也向专业方向发展。

由此不难看出，产品可视化是以计算机技术为基础，艺术创作为形式的计算机图形学，为产品设计表现提供了新的可能性和更广阔的创意空间，其艺术表现超越了时间和空间，是产品设计表现的一次革命性飞跃，还需不断完善自身内容，逐渐形成完整的体系，然而产品可视化并不是产品设计表现的终止符，它只是产品设计表现的一个时期，必将经历萌芽期、成长期、成熟期、拓展期，之后会被产生的新的表现方法渐渐取代，就像所有的事物发展规律一样。

第五节　虚拟交互与 VR

一、环境空间与 VR

环境是人生产、生活、从事社会活动的地方，空间是一个容器。环境空间是一个大概念，它涵盖了城市规划、住宅小区、室内设计、商业广场、风景园林等。在环境空间设计中。几乎已经被电脑取代，虽然设计的前期草图还是以手绘图居多，但中、后期的处理基本都是用计算机软件来完成的。因此，环境空间从施工图到效果图都是在虚拟空间里完成的，而在设计的过程中通过网络连接，世界不同地方的设计师可以在同一个虚拟空间里共同完成设计。

BIM（Building Information Modeling）由 Autodesk 公司在 2002 年率先提出，通过数字化技术，在计算机中建立虚拟的建筑信息模型，也就是提供了单一的、完整一致的、逻辑的建筑信息库。建筑信息模型技术是三维数字设计、施工、运维等建设工程全生命周期解决方案，为设计师、建筑师、水暖电工程师、开发商及最终用户等各环节人员提供模拟和分析协作平台。

信息模型是完全按照实际数据来建模的，这就保证了模型含有正确的信息，根据这些信息可以统计施工过程中所需的数据。把隐含的建筑信息（设计等方面）显性化，把以 2D 图纸为基础的设计成果交付手段转变为以 3D 模型为基础的设计成果交付手段。

BIM 除了定义纯数据方面的一些内容外，更加重要的是重新制定了建筑业工作流程、协同工作的数据模型，定义了建筑从业人员在同一数据模型下的协同工作规则，目前一些大的建筑设计公司都开始使用这种方法进行设计工作。

VR 技术使用最广泛的是虚拟城市，它能全面地了解城市地貌、市政设施、道路交通。建筑漫游最广泛地应用于房地产行业，并成为房地产开发商销售的一个重要手段，通过虚拟建筑漫游这一手段，购买者可身临其境地感受未来不远的时间里环境发生的变化，而虚拟现实里的环境很多时候是来源于生活但高于生活，容易激发人对未来信息的接收。室内漫游帮助买房者了解室内各个区域的结构和尺寸，帮助购买者去评估。建筑漫游可分成影片式、交互式两种，影片式漫游通过画面、解说、背景音乐沿着规定好的路线和情节来进行展播；交互式漫游是观看者自定义行走路线去观看虚拟空间里的建筑。

随着高科技的发展，建筑表现不再仅仅局限于平面图纸和实体沙盘模型，它开始在二维动画中寻求发展，并慢慢成为主流。建筑虚拟展示通常利用计算机三维建模软件来展示设计师的意图，能更好地表现建筑及建筑相关环境所产生的动画影片，让观众体验到建筑的空间感受。

将虚拟展示技术融入建筑展示设计的方案之中，相比传统的使用渲染回放技术的动画展示，优势非常明显。虚拟展示是严格采用电影制作流程完成的，按照既定的分镜头台本来完成若干个视频片段（镜头），通过剪辑合成为一部动画影片，受众者可以从影片中获得建筑外观、建筑环境及产品设计的信息。近年来，计算机硬件性能呈几何倍数增长。虚拟现实的表现不必再依赖昂贵的大型设备，而在一般的计算机上就可以完成，设计师可以利用这种技术建立构想中的现实场景，也可以用它来分析和预测环境规划设计的实际成果。在未来，它将成为设计师设计检查、成果展示、方案评价的辅助应用系统。

二、智能虚拟环境与 VR

智能虚拟环境作为一种未来的人机界面，可以广泛应用于教育培训、娱乐游戏、媒体信息等领域。它涉及的一些关键技术，如复杂场景实时显示、虚拟人行为动画等已经趋于成熟，人们能身处虚拟现实技术所创建的亦真亦幻的世界里。就现有的虚拟环境（virtual environment，VE）（如建筑漫游、虚拟游览、虚拟手术等）系统而言，大多数都采用静态的二维场景，场景中的物体是静态的、被动的、无生命的。然而，在真实世界的场景中，很多对象是有生命的，也就是说它们是智能的，并且有情感。为了更逼真地模仿真实世界，使得参加的用户具有沉浸感，从而最终达到和谐的人机交互，在虚拟世界中应根据需要加入一个或多个有生命的对象，形成一个智能虚拟环境（intelligent virtual environment，IVE）。在 IVE 中，有生命的对象和用户化身（Avatar）都用智能代理（Agent）实现。在有多个用户的分布式 VE 中，多个 Avatar 之间可以进行交互，Avatar 和其他对象及环境之间也可以进行交互，从而达到一个逼真的、自然的、和谐的虚拟交互环境。

智能虚拟环境的主要研究内容包括智能 Agent 技术、环境中 Avatar 和虚拟生物的建模方法、人体动画技术、智能生命的模拟、复杂动态场景的实时绘制技术、智能交互、知识表示和推理，如图 4-5-1 所示。

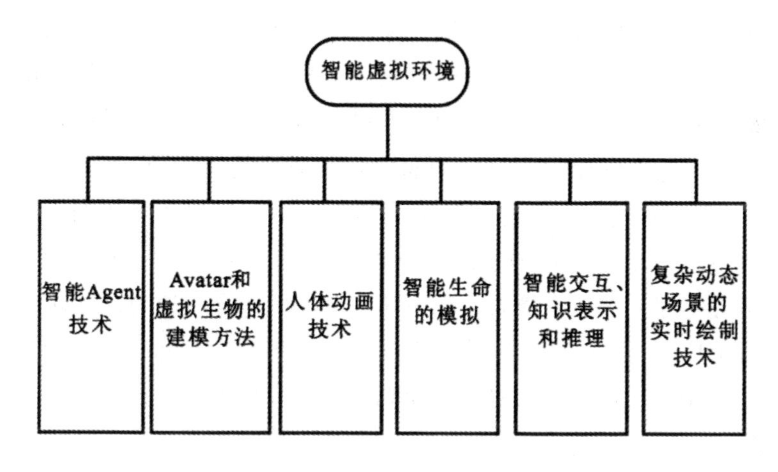

图 4-5-1 智能虚拟环境的研究内容

但是，目前智能虚拟主体（intelligent virtual agent，IVA）的构建却有待完善。虽然基于虚拟现实艺术设计的某些主体已经能够具备栩栩如生的外形，也基于人工智能技术开发了一定的思维功能和行为功能，但在拟人化、个性化交互方面还不够完备。原因是情感在人的决策中发挥了决定性的作用，是人性化人机交互的必备因素，因此如何使智能虚拟主体具有情感交互能力（情感识别、理解和表达的能力），使其既有“脑”，又有“心”，能够与用户进行自然、和谐交互，已成为当前计算机工程领域和认知科学领域的研究热点。情绪建模，即用某种数学模型来描述人类情绪的产生及变化过程，是实现该目标的关键所在。

国内外的许多研究者也就情绪建模等情感信息处理方向开展了大量的

研究工作，来自不同领域的研究人员提出了虚拟人情绪动画模型、应急事件中的情绪感染模型、应用于网络教学的学业情绪模型、应用于 E-Learning 的情绪建模方法、应用于智能人机交互领域的 HMM 情感模型、BNN 情感模型、人工心理模型驱动的动画合成方法、智能虚拟主体的情感计算研究等。

基于 HMM 的情感模型研究中，提出的情感模型将人类的情感过程视为两层随机过程，通过调整模型的初始参数，能够构建具有不同性格特征的心理模型；同时以该模型为情感引擎，用 Baum-Welch 算法实现了情感转移概率矩阵和某种心情状态下不同表情输出概率矢量的参数估计；还以概率的形式预测了情感输出。系统总体由两个部分组成。情感输入端：这部分由两个命令按钮和一个对话框组成。两个命令按钮用来直接测试情感模型；对话框用来接收用户输入的与虚拟人的对话内容，通过语言理解模块对输入信号的类别作出判断，语言理解模块的输出结果为“奖励”或“惩罚”信号，作为驱动情感交互系统的最终信号。模型参数的训练：在对角色进行情感建模时，目的是调整初始模型参数 K=（A，B，P），使给定模型的观察序列的概率最大。在不同的意识刺激下，所得到的虚拟人表情的观察值序列是不同的，因此在不同的意识刺激下，同一个角色会有不同的情感模型。通过适当的初始值和观察序列训练模型，由最后的模型产生观察序列并且综合考虑行为模式因素和输入信号判断因素的影响，编程实现情感交互系统的程序。系统的输出端：情感模型会得到一个情感输出结果，包括此时的心情和表情，并且程序通过计算同样得到了出现其他可能出现的心态及表情的概率。结合多媒体文件及文本框表示计算结果。该项目实现的情感交互，不是基于行为模式的方法，而是基于统计模型的规律，系统运行结果表明由该模型产生的情感反映真实、自然。该方法同时具有建模简单、易于构造不同性格人物的特点。该研究结果为情感虚拟人系统提供了一种理论设计方法。

特别是智能虚拟环境中主体的情感计算研究项目中针对智能虚拟环境的特殊要求，建立了同时具备实时性与真实感的且易于机器实现的情绪模型。以心理学中的认知评价理论和基本情绪理论为依据，提出一种基于模糊规则和非线性函数的情绪产生器，用来模拟人类基本情绪的产生和迁移过程。该方法主要考虑到情绪现象的复杂性与模糊性，选择模糊规则和非线性函数来建立模型。MATLAB 仿真结果表明，该模型能够较合理地模拟人类几种基本情绪的产生、迁移及相互促进和抑制特性。由于实现简单，因此既能满足智能虚拟环境对真实感、人性化的要求，又能兼顾系统实时性要求。

第六节　视觉传达与 VR

媒体的发展可分成三个时代，第一个称为平面媒体时代，传统的平面设计主要是指报纸、杂志、书籍等相关文字、图形及色彩设计。它以纸张为主要载体，以印刷为手段的传播方式，其制作主要是排版系统。今天这种媒体并没有消失，但制作技术已经改变，电脑排版已经取代传统的人工排版技术。第二个称为新媒体时代，利用新媒体的科学技术，对所设计出的产品进行摄影，运用拍摄手段对产品进行展示宣传。第三个称为数字媒体时代，传统的平面媒体（报纸、杂志、书籍等）受到电影和电视，特别是网络平台的冲击，二维立体的可交互作品改变了人的欣赏习惯。

从海报设计的发展历史来看，从手绘到印制，再到摄影、数字影像等，海报设计中图像的表现形式经历了不同的发展时期。时代在不断进步，任何一个时代的技术变革都不同程度地影响了设计领域的发展。随着科学技术的发展，在当今的海报设计领域，一些传统的技术手段正逐渐被计算机技术取代，传统的图像表现形式正逐渐从人们的视野中消失，计算机开始成为设计师的主要创作工具。根据其想要表达的内容，设计师可以理性地选择表现形式，应用新技术和新材料大胆尝试，除了计算机，设计师应还有更多的选择。

在《现代汉语词典》中，“图像”一词的解释为：画成、摄制或印制的形象。除了阐释图像定义以外，这一解释也对图像形式进行了早期的划分。从广义上来看，手绘图形、摄影图片及电脑生成的图像是海报设计中图像的两种大致划分形式。手绘图形不仅包含绘画图形，还包含雕刻、版画、剪纸等；现实环境的照片、科学影像等则由摄影图像所涵盖；电脑图像有不同的类别，如二维图像和三维图像等。

作者在创作时可能会在瞬间产生灵感，而手绘图像能够将这种灵感及时记录下来，将作者设计思想的初衷充分体现出来，使得作者的设计理念得到直接传达，令作品更加亲切和生动，饱含情感因素，更加回归自然。在创作的探索与实践过程中，手绘设计师将大量的情感融入作品中，生动、形象地记录下创作感情，手绘设计师鲜明的个人特点通过设计明显显现出来。

海报的主题是海报中摄影图像所要重点表达的内容，在直观性与表现力得到极大限度增强的情况下，将主题的真实感进行扩大。海报设计师在运用摄影图像时，通常会制作一些特别的道具或装置，将主题表现得更加生动、形象和与众不同，达到吸引人眼球的目的，使观众不仅是欣赏照片，还能透过照片看海报。以上种种即为海报中摄影图像的风景这边独好的魅力所在。

在平面媒体时代，海报招贴广告主要是用笔在纸张上绘制完成的。在摄影照相机出现之后，大量的摄影配文字招贴作品出现，之后伴随平面软件的使用，“制作”一词开始流行，把扫描的底稿置入电脑，通过屏幕，显示出来。用鼠标当画笔进行填色、做效果，也有完全抛开画笔直接在电脑里完成的，绘画的技巧在减弱。取而代之的是软件操作技能，新的方法加快了招贴的制作周期，三维虚拟软件的出现使平面制作又上了一个台阶，它在某种意义上取代了照相机的功能，在电脑的虚拟空间里通过建模、材质、灯光、渲染，达到比真实世界更具艺术感的景象。

一、新视觉设计的含义

新视觉设计从形成的那一刻起，就被明显地打上了时代的烙印。技术帮助视觉设计完成超现实梦想，把许多的不可能变成了真实的感受。20世纪初，匈牙利电影理论家贝拉·巴拉兹认为，新的视觉文化最惊人的特征之一就是“它越来越趋于把那些本身并非视觉性的东西予以视觉化”。

新视觉设计的英文翻译是New Visual Design，“新”字在字典中的基本含义为：刚出现的或刚经验到的（跟“旧、老”相对）；性质上改变得更好的（跟“旧”相对）；没有用过的（跟“旧”相对）。“视觉”是一个生理学词汇，是物体通过影像刺激眼睛所产生的感觉。新视觉设计从属于视觉传达设计，视觉传达设计是由平面设计发展而来的，这一概念在1960年日本东京举行的世界设计大会上被提出，它当时主要包括报纸、杂志、招贴海报及其他印刷宣传物的设计。通过当时的传播媒介——电视、电影、电子广告牌进行视觉传播。从视觉传达设计的发展角度来看，视觉传达设计经历了平面时代、传统媒体时代，而现在的视觉传达设计迎来了数字媒体时代。随着数字化技术发展的突飞猛进，视觉传达设计不断与计算机图形化技术相融合，并不断拓展出新的艺术表现形式，从而拓展出新视觉概念。新视觉设计是基于视觉传达设计的理论基础，以“三屏（电视、电脑、手机）合一、三网（广电网络、电信网络、互联网络）融合”为代表的全媒体为信息传递载体，运用多种计算机绘图软件，包括二维平面软件和三维立体软件为主要设计工具，在各个设计领域中应用，从而产生与以往不同的视觉形式。

新视觉设计从字面上理解就是新的视觉感受，即可视化技术和设计艺术相互结合，让观看者感受到一种与之前不同的视觉效果。新视觉设计从理论上来看，是以计算机绘图软件为工具，将文字、造型、符号、色彩等视觉元素在计算机中进行组合，设计出具有美感、寓意的视觉作品，并将这种数字化的视觉作品广泛传播到互联网、移动媒体、影视媒体上，这些媒体有很强的交互性特征，它改变大众的视觉欣赏倾向，同时大众审美要求给视觉设计提出了更高的标准，不断呈现给大众新的视觉体验就是新视觉设计在艺术上追求的目标，新视觉设计承袭视觉传达设计理论和设计方法，是视觉传达设计领域的延伸与拓展。

二、新视觉设计的表现形式

新视觉设计依然是建立在以视觉器官为主要接受信息源的基础上，加强了听觉器官和触觉器官辅助信息理解功能，并把它们完美融合在一起。它是依靠新媒体进行传播的视觉设计，具有动态化、交互性、链接性的特征，主要包括数字信息符号、数字图形、数字文字及数字音乐四个主要构成元素。时下在网络上流行的“抢红包”就是一个非常好的例证，空间里发一个红包需要一个点击发送的动作。当接受人看到红包时点击红包，就表示抢到了红包，打开红包显示抢到金额，后台把金额转入接受人的电子账户，在这一系列动作中，视觉上看到了红包，当拆红包时，红包上的钱币图形会产生旋转，几秒钟后会跳转到下一个界面。在这里视觉图案是具有动态化的，点击收到钱实现了人机交互，后台钱存入账户体现了链接性，这是典型的新视觉表现形式特征。在新视觉中虚拟现实技术被广泛使用，许多时候视觉上看到的二维平面作品，实际上是在三维虚拟软件里建模完成的，只是在渲染和后期处理时完成平面化效果。

这种“三转二”的方法，在视觉传达设计中运用得相当广泛，特别是网络中的新视觉设计，如果用传统绘画的方法去做，在空间透视和角色运动上难度很大，利用三维虚拟模型去制作可很好地把握空间中物体变化带来的形体变化。利用减帧处理可有效控制动画的单帧数量。

另一类是具有交互性、链接性的网页设计。UI 设计中网页设计和移动应用界面中 LOGO 设计应用量非常大，其形式是具有多样化、复杂化的一种符号，其外部呈现图形、动态图形、文字、动态文字、色彩、变化色彩形式的混合体，在其内部具有交互性和后台的链接性。

三、新视觉设计以数字信息符号为主要特征

符号是指具有一定指代意义的标识、文字、数字等信息载体，并且它是传达信息的基本手段。在当今社会里，显而易见的是数字化技术给信息传播带来了巨大的变化，符号的数字化令视觉传达设计的表现形式更加丰富，数字信息符号作为视觉元素越来越多地应用在现代媒体视觉设计之中，它是新视觉设计的主要表现形式之一。

数字信息符号使新视觉设计长期处于“技术与艺术”之争的闲扰，它既有数字媒体艺术的技术，又有视觉传达设计的设计方法。当站在一个更高的角度来理解新视觉设计的传播媒介时，会发现它更加具有普遍性、特殊性和延续性。由于视觉信息的数字化传播，显示出了强大的优势，并形成了新视觉设计传播的主要趋势，让数字信息符号对新视觉设计的信息有效传播显得尤为重要。在数字化传播过程中，数字信息符号可以引起人们的注意并能成为直接交流的信息和语言。因此，数字信息符号是视觉信息可视化的重要载体，是符号信息传播的关键部分。简洁、醒目、准确、个性化是数字信息符号的视觉化设计特征。这样可以让信息的受众更加准

确、快速地捕获到信息内容并可以感受到接收信息的乐趣。不难看出，新视觉设计的数字信息符号可以极大地调动受众参与的积极性，同时增加了新视觉设计作品的娱乐性。

四、新视觉设计集动态图形与声音设计于一体

动态图形和声音之间有何关系？这是新视觉设计研究的问题之一。现在人们谈及的新视觉设计，和以往的视觉作品相比，是将视频、图片、声音、文字融合在一起的视听作品。声音在一个视觉作品中占有重要作用，通过声音可以使人们理解作品内容。如在过去的默片时代，最具代表的就是卓别林的电影作品，在那个时期完全是运用肢体语言来表达演技者所要表达的语言，同时表现出拍摄者的思想意图，但在观看上却总感觉缺少某些东西，有种不真实的感觉。同样在新视觉设计作品中，声音也是一个重要环节。它可以加重人对视觉作品的认识性和愉悦性。以品牌推广为例，在过去首先考虑到的是报纸、杂志、宣传册、招商手册等以平面媒介为主要传播介质，这些传统媒介的特征，展示给人们的大部分都是平面的、静止的视觉艺术。由于传播媒介的改变，新艺术形式的不断介入，品牌推广也逐渐向运动的、变换图形的表现形式转换，同时也会有声音的加入。这样就能够更好地传递出视觉作品的信息给观众。例如我们在公交车上都会看见一个小的屏幕，而这个屏幕就是一个车载媒体，它所播放出来的内容无论是广告还是品牌推广都是带有声音解说或是附有声音特效的视觉作品，人们不仅在视觉上看到图形在动，与此同时还能够听到与运动节奏相符的声音，这是传统平面媒体无法做到的。可以看出新视觉设计作品，不再是简单图片和文字的平面视觉作品，而是将运动的图形、文字和声音融合在一起的动态视觉作品，能够给观众带来一种既可以看到视觉信息又可以听见声音的视听作品。

五、在新媒体传播下的交互性

新视觉设计的交互性，从两个方面去理解，一方面是可交互媒体下的视觉设计，如网络上的可视信息，都需要从艺术的角度去规划和设计。一

个按键标识点击可以连接另一个视觉页面，因此在设计过程中要考虑网络的可交互性。当下流行的二维码扫描，手机安装扫描软件照下二维码，立刻连接到网络，可看到关于产品的众多信息，在这一过程中包含着一系列新视觉设计内容，如动态的标识、动态的图形及动听的音乐，但重要的一点是设计者必须考虑网络的可交互性。

另一方面是设计出的可交互视觉作品，在屏幕媒介上播放，这一类视觉作品其本身具有交互性，可以说是交互技术和视觉表现相互嫁接的视觉作品。如网络交互式广告，通过对鼠标的简单动作（点击、滚动、滑动等）便可以点开广告或广告中的元素进行实时交互，在 John Lewis 2011 广告中，人们只需通过鼠标的滑动圆形按钮便可以进行画面中不同场景的切换，给观看者带来动态效果好、信息量较为丰富的广告视觉作品，同时也给观看者带来无限的乐趣。

第七节　以电动汽车开发设计为例

一、项目介绍

甲方要求设计出四款电动私家微型车、一款电动观光车、一款电动公交汽车三种类型的电动汽车外观设计预想方案。本项目电动汽车开发设计实际上是产品设计前端的概念设计，包括市场调研、概念导入、外观设计、结构设计等，为后续开发提供思路。其方案提交要求包括可行性设计方案、色彩配色方案、全方位虚拟展示动画效果。虚拟动画展示用于提案汇报，要求有背景音乐和解说。

二、开发流程

产品开发流程如图 4-7-1 所示。首先充分理解甲方的需求，倾听来自决策层、使用单位、终端客户、交通管理、市政管理等不同方面的意见，同时深入市场调研提交可行性报告，对电动汽车产品市场调研分析包括：（1）电动汽车的发展背景；（2）电动汽车发展优势；（3）电动汽车发展的意义；（4）电动汽车生产原理；（5）电动汽车产品功能分析；（6）电动汽车产品造型形态分析。通过对以上六个方面的分析，确定电动汽车产品设计上要突出静音、无污染特点，强化安全、敏捷的感觉，消除人们对电动汽车不安全、低性能的印象。

设计展开后，进行大量草图创意，反复评估形态、结构、尺寸，确定草图，进入二维虚拟建模，渲染出效果图，进行方案评估、模型修改、校正尺寸、色彩方案等，出效果图确定方案。虚拟动画制作渲染出片，后期剪辑加入对白和音乐，合成出片。

在电动汽车产品外观造型上，既采用了产品设计中的仿生设计，又在外观线条上精心设计，同时要结合电动车的使用、维护方式及在人机关系上结合外观造型设计。在整套汽车产品外观造型中应该力求突破现有电动汽车的形象，并从科技、文化、人机等角度综合考虑，塑造出全新的造型。总结出以下设计重点：（1）过渡空间；（2）多通道人机界面；（3）挖掘空间的使用价值；（4）各常规总成的重新整合。

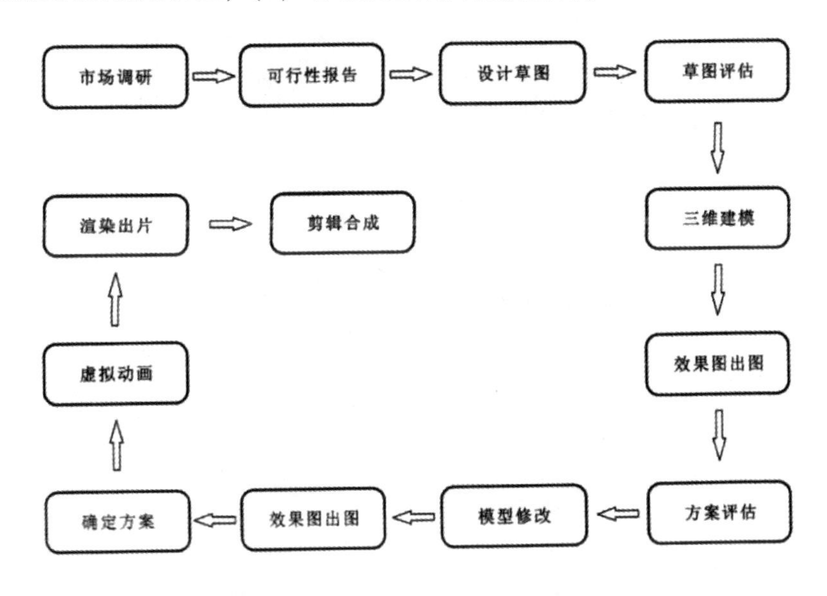

图 4-7-1　产品开发流程图

三、草图

草图（图 4-7-2）作为设计思维的表现是非常重要的一个环节，前期草图不需要尺寸，也不需要借助工具，徒手画即可，在展现产品外形的同时，需表现出正视图、侧视图、顶视图。草图设计是把一个想法展现出来的过程，设计者需要具有形体造型能力和观察能力，同时需要语义学、形态学、方法学的知识。用“绞尽脑汁”来形容草图设计的过程是再恰当不过了，往往灵感的爆发来自一瞬间，但好的灵感都是建立在平时知识积累的基础上的。

图 4-7-2　草图

四、电动汽车产品各设计方案展示

（一）私家微型车设计方案一

1. 设计目标的确定

为增添生活情趣，提高人的审美水平，开发舒适生活的私家微型电动汽车充分感受美好生活。通过调查市场需求，了解市场走向，进行不同的色彩搭配，合理的外观设计，充分体现其实用价值、精神价值及文化价值。本款私家微型电动汽车不是在市场上所看到的外观体积小、能够灵活穿行在狭小马路的电动二轮车。

这款电动汽车是前面两个轮子，后面一个轮子。把电动汽车做成这种造型的原因是把驱动放在单独的后轮，可以比较容易地实现“混合电动力”，速度较快的同时也不会跑偏。

2. 产品形态语义研究

此产品造型上采用了仿生语义学的产品设计原理，通过对一种叫作“小丑鱼”的生物进行形态分析，将这一形态与电动汽车造型结合在一起，从而得出了新的电动汽车形态，故此给这种电动汽车取名为“小丑鱼”电动汽车。“小丑鱼”的设计在外形上娇小可爱，并富有生机和活力。满足了广大消费者对购车的需要，以及对外观流畅美观的要求。这样，既满足了消费者的需求，更好地服务于人们，成为人们理想的交通工具；又能减少汽车能源的消费支出，提高了人们的消费水平。因此，电动汽车才会得到普遍的发展，代替燃油汽车，节约能源，保护环境，为人类创造良好的生活环境做出贡献。

3. 设计说明

“小丑鱼”是一款针对女性群体设计的电动汽车，色彩的选用较为亮丽，有橙黄、浅蓝、珍珠白、法兰红等亮丽色彩可选择，为都市新生活演绎更多绚丽风景。车体灵活、小巧，充满动感，精致的弧线车顶，含蓄的微拱车门轮弧，加上前挡风玻璃和发动盖上下一体的优美抛物线，使整车造型显得分外流畅。

它以娇小的身形获得了出色的机动灵活性，可以轻松地穿行于狭窄的城市街道。这是在拥挤的市区交通中的一大优势，良好的最小转弯半径使其可以停放在狭小的车位。

4. 效果图展示

“小丑鱼”汽车效果图如图 4–7–3 所示。

图 4–7–3　“小丑鱼”汽车效果图

5. 产品三视图

“小丑鱼”汽车三视图如图 4–7–4 所示。

图 4–7–4　“小丑鱼”汽车三视图

6. 爆炸图

“小丑鱼”汽车爆炸图如图 4-7-5 所示。

图 4-7-5　“小丑鱼”汽车爆炸图

（二）私家微型车设计方案二

1. 设计目标的确定

这款电动汽车产品突破了传统微型车设计的桎梏，改变了小规格、小空间、少功能和少配置等同廉价低性能车的旧面貌，给私家微型车设计注入了新鲜的血液。从一定程度上可以满足多种需求，满足青年群体追求时尚和浪漫生活、彰显青春个性的独立生活方式。以减轻车身重量为设计出发点，结合传统车辆的后备厢和皮卡车的储存特点，把后备厢设计成为可随意卸载的储存箱体。

2. 产品形态语义研究

本款电动汽车产品的创意灵感是从无意中发现一片绿色的叶子开始的，当时被叶子外形曲线所吸引，于是无意识地在草稿纸上画出两条曲线，以此便开始了本款电动汽车的创作历程。

经过大量汽车造型的资料收集和细致的研究分析，从中体会到曲线在汽车设计中应用的重要性。本款电动汽车的设计经过多次草图阶段确定评估范围，确定最终设计敞篷式结构的电动小轿车，因此，将此款电动汽车取名为“精灵族”。

3. 设计说明

“精灵族”是一款全新的微型电动小轿车，车体灵活、小巧充满动感，时尚前卫，具有红色、黄色、白色、蓝色、绿色五种亮丽的色彩，将为都市演绎更多绚丽的风景线。车身的敞篷结构造型与车身设计紧密结合，整体协调统一形成优美的流线型外观造型。独特的曲线的前照灯形态，更为“精灵族”增添了几许妩媚感。

4. 效果图展示

“精灵族”汽车效果图，如图 4-7-6 所示。

图 4-7-6　“精灵族”汽车效果图

5. 产品三视图

“精灵族”汽车三视图，如图 4-7-7 所示。

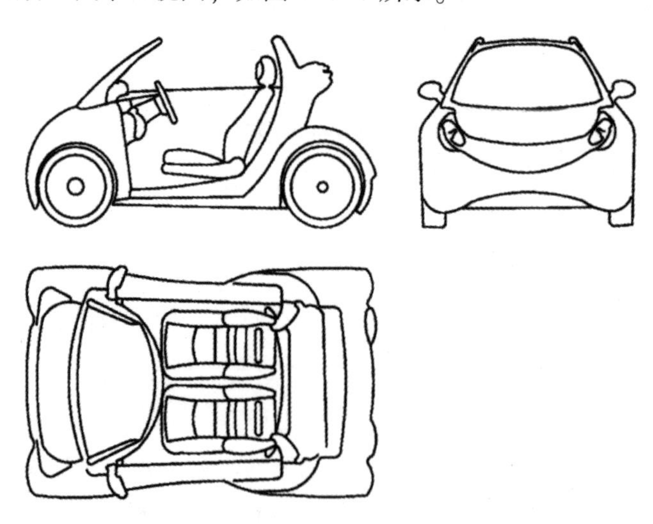

图 4-7-7　“精灵族”汽车三视图

6. 爆炸图

“精灵族”汽车爆炸图，如图 4-7-8 所示。

图 4-7-8　“精灵族”汽车爆炸图

（三）私家微型车设计方案三

1. 设计目标的确定

电动汽车只有在现代绿色追求的氛围中，才会得到相应的发展，代替燃油汽车，更好地节约能源，为人类能有一个良好的生活环境做出贡献。此款电动汽车的设计，外形上炫酷、富有生机和活力。既能满足购车者对汽车造型上多彩的需求，又能节能减排。同时在电动汽车外观上可以稳固存储空间的大小，并能加强电动汽车的安全性能。

2. 产品形态语义研究

此款电动汽车采用精致、小巧的造型，车体运用了简单、明快的几何线条，将汽车外观与卡通人物造型融合在一起，最后得出了一个造型可爱、线条柔美、色彩亮丽的车型。

3. 设计说明

电动汽车的普及将会有效保护环境，节约不可再生资源。此款双门双座小车，最适合都市时尚一族。独特、卡通、个性的外观造型，将成为这款经典小车带来的直观感受。“卡酷”电动汽车的前脸造型圆润可爱，配合前大灯的形态，似乎是张开了大嘴向你微笑一般，让整部电动汽车看起来更加时尚与前卫。

4. **效果图展示**

“卡酷”汽车效果图，如图 4-7-9 所示。

图 4-7-9　“卡酷”汽车效果图

5. **产品三视图**

“卡酷”汽车三视图如图 4-7-10 所示。

图 4-7-10　“卡酷”汽车三视图

6. 爆炸图

“卡酷”汽车爆炸图如图 4-7-11 所示。

图 4-7-11　“卡酷”汽车爆炸图

（四）私家微型车设计方案四

1. 设计目标的确定

在对电动三轮车完成草图分析阶段后，需要对所描述的草图进行分类和归纳，这样就可以看到电动汽车各个方案的优点和缺点，并且能够集中地反映出来，通过这些直观地显示和比较，便于将不足之处改正过来，继续坚持和完善电动汽车产品方案的优点。把天使翅膀与汽车外观线条结合。从而得出一个外观上优雅、可爱、时尚的造型。故此，把这款电动汽车取名为“天使之翼”。

2. 产品形态语义研究

这是一款根据天使翅膀的造型分析，使整个电动汽车外观造型上运用简洁、优美的曲线线条，组合出造型柔美、时尚、小巧的汽车造型。同时，对电动汽车产品色彩分析，得出了很多种色彩搭配，使产品色彩更加丰富、艳丽，让色彩的选择更加多样化。

3. 设计说明

随着科学技术的迅速发展，不可再生能源在不断减少，电动汽车产品必将成为未来社会的发展趋势。此款“天使之翼”电动汽车产品，是以天使之翼为仿生对象，设计出可爱的外观造型，颜色鲜亮，宛如可爱的天使在城市间飞翔。

4. 效果图展示

“天使之翼”汽车效果图如图 4–7–12 所示。

图 4–7–12　“天使之翼”汽车效果图

5. 产品三视图

“天使之翼”汽车三视图，如图 4-7-13 所示。

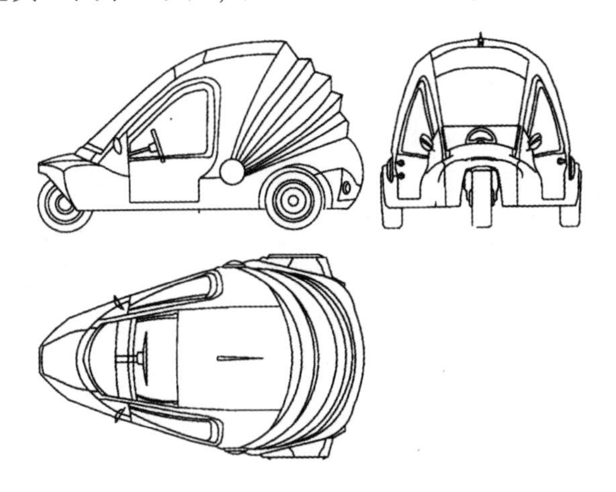

图 4-7-13　“天使之翼”汽车三视图

6. 爆炸图

“天使之翼”汽车爆炸图，如图 4-7-14 所示。

图 4-7-14　“天使之翼”汽车爆炸图

（五）电动观光车设计方案

1. 设计目标的确定

以“节能减排，改善生活”为设计目的，充分围绕着可持续发展的理念，更好地满足社会市场需求。

经过对方案的比较和体验，此方案造型简洁。整体效果清新，没有过多的装饰，色彩雅致。运用仿生物的方法表现在这款电动观光车上，从造型形态方面更好地满足需求。这个设计含有包容的理念。为了寻求这样的设计，没有过多的操作说明。简单的按钮就可以实现其功能，体现出“简单就是美”的设计思想。这种形式美是建立在造型、语意、感性、情感化的基础上的，体现的是一种设计目标。同时，这款电动观光汽车体现了可持续发展、绿色环保、以人为中心的设计本质。

2. 产品形态语义研究

通过各方面的调查，结合设计者所掌握的产品设计相关专业知识，采用仿生物形态学的设计方法，开始了这款电动观光车方案的推敲。通过不同的色彩搭配，合理的外观造型设计，充分体现其实用价值、精神价值及文化价值，满足人们的需求和市场供需。在外观造型上简洁、环保，采用仿生设计，将对生活的观察融入设计中，用自然中的生物形态作为造型形态的源泉。

3. 设计说明

此款电动观光车以蜗牛为仿生对象，外观造型可爱、安全，故取名为“蜗牛”。通过对产品色彩的分析，设计出颜色雅致的多款电动观光汽车色彩方案。在速度上控制在每小时 33. 6 千米以内，像蜗牛一样的速度可以满足人们的观光需求。

4. 效果图展示

“蜗牛”汽车效果图如图 4-7-15 所示。

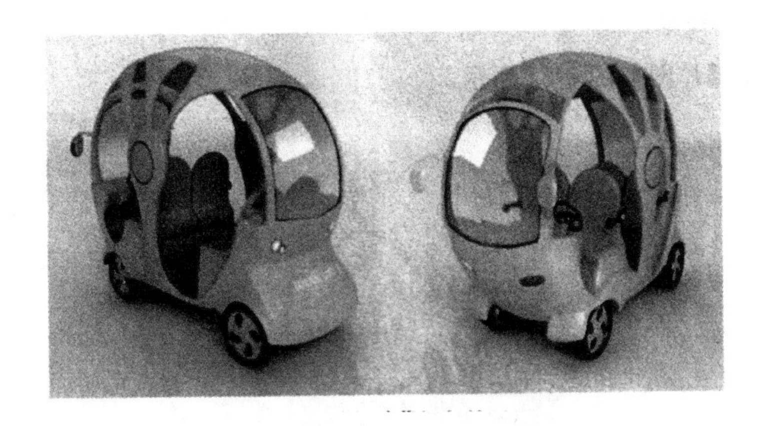

图 4-7-15　“蜗牛”汽车效果图

5. 产品三视图

“蜗牛”汽车三视图如图 4-7-16 所示。

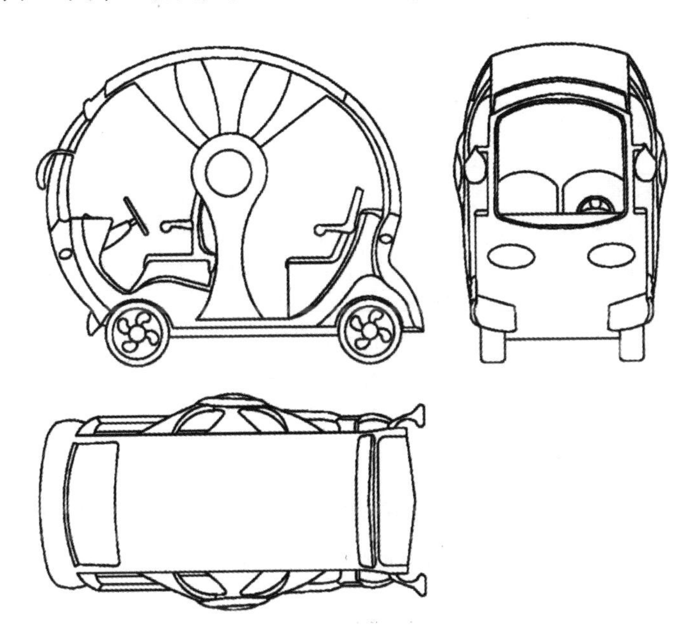

图 4-7-16“蜗牛”汽车三视图

6. 爆炸图

“蜗牛”汽车爆炸图，如图 4-7-17 所示。

图 4-7-17　“蜗牛”汽车爆炸图

（六）电动公交汽车设计方案

1. 设计目标的确定

为人们的生活和工作带来更多令人愉悦和深受感动的产品。在公交车车身造型设计上体现了以人为本的设计理念。从功能出发，外观造型采用流线型的风格，以舒适、美观和统一协调为设计原则。整个电动公交汽车中乘客座椅设计完全符合人体工程学的各项要求，其造型、材质、色彩与车内统一和谐，车厢内部的装饰设计艺术风格突出。

2. 产品形态语义研究

在整个电动公交汽车造型上线条流畅、色彩亮丽，是现代都市一道流动的风景线。大曲面的除霜前风挡玻璃，保证了视野的开阔性。车厢内部装饰色彩柔和、宁静、典雅。

车厢内部拥有宽敞的乘坐空间和良好的观光视野。电动公交汽车的椅子采用流行的公交专用座椅，全承载式车身设计及车身和底盘一体化的设计。在保障行驶平稳、乘坐舒适的同时，使车身结实可靠，有效地增加了客车安全系数。

3. 设计说明

“蚂蚁”电动汽车外观造型上采用仿生设计理念，车身整体造型阳刚而又流畅，外形曲线饱满有力，使整体具有很好的视觉效果。高技术风格的运用，在纯电动公交汽车上多种设备配合使用，实现智能化和自动化的服务设计。

4. 效果图展示

“蚂蚁”电动公交汽车效果图，如图 4-7-18 所示。

图 4-7-18　“蚂蚁”电动公交汽车效果图

5. 电动公交汽车内部设计

“蚂蚁”电动公交汽车车厢设计，如图 4-7-19 所示。

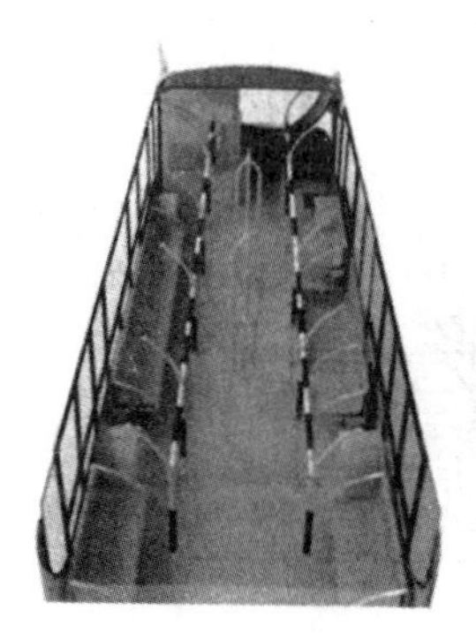

图 4-7-19　“蚂蚁”电动公交汽车车厢设计

6. 产品尺寸图

“蚂蚁”电动公交汽车产品尺寸图，如图 4-7-20 所示。

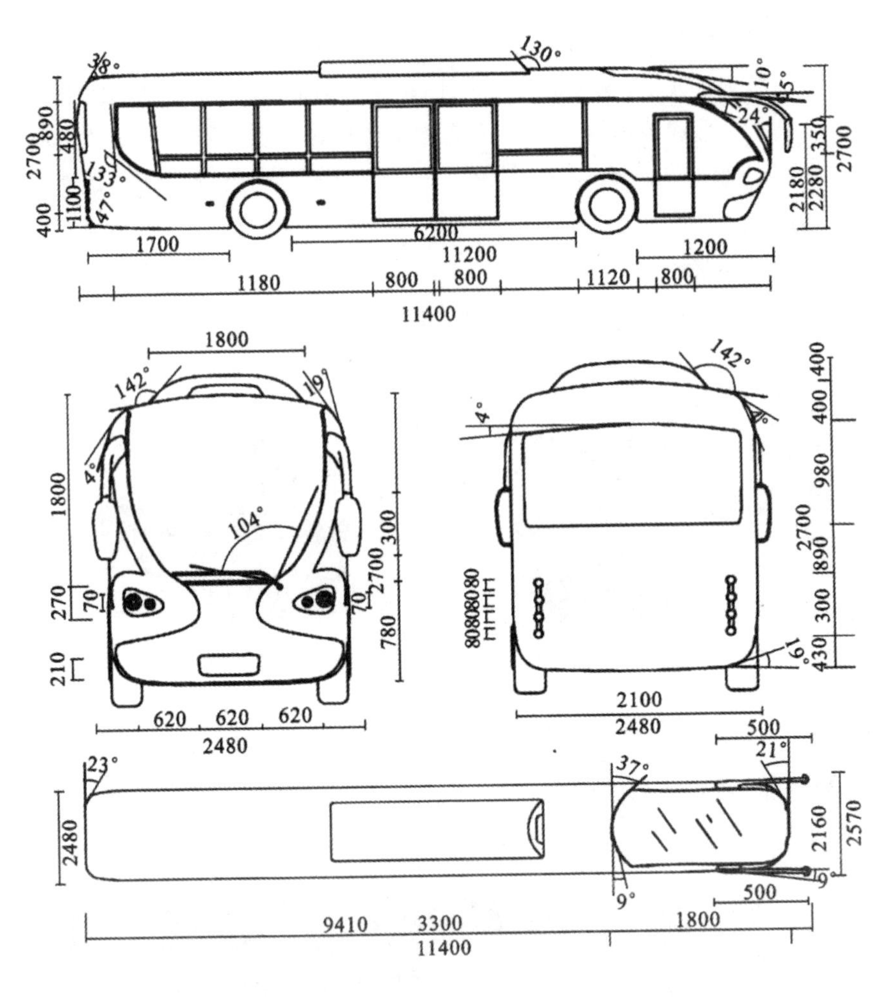

图 4-7-20　“蚂蚁”电动公交汽车尺寸图

7. 爆炸图

“蚂蚁”电动公交汽车爆炸图，如图 4-7-21 所示。

图 4-7-21　“蚂蚁”电动汽车爆炸图

项目要求设计出了私家微型车四套、电动观光车方案一套及电动公交汽车方案一套，与以往的产品设计项目相比，本项目在方案设计的基础上增加了最终方案虚拟展示部分，使整个设计更具完整性、系统性。

首先是对电动汽车结构基础的理解与认知：在此基础上要对产品进行市场分析，并作出产品相应的设计定位。其次，要对过去所有电动汽车的形态学进行分析，从而设计出适合电动汽车产品的形态。在产品外观造型设计的同时。也要对产品的人体工程学进行了解，人体工程学是产品设计中较为重要的一个分支。因此，掌握汽车的各项人机尺寸，从而运用到电动汽车产品设计之中。

人体工程学是 20 世纪 70 年代初迅速发展起来的一门新兴学科。它从人的生理和心理出发，研究人—机—环境相互关系和相互作用的规律，并使人—机系统工作效能达到最佳。其定义为人机工程学，是研究人在某种工作环境中的解剖学、生理学和心理学等方面的因素，研究人和机器及环境的相互作用，研究在工作中、家庭生活中与闲暇时怎样考虑人的健康、安全、舒适和工作效率的学科。人体工程学在汽车车身设计中得到了应用，就是以人（驾驶员、乘客）为中心，研究车身设计（包括布置和设备等）如何适应人的需要，创造一个舒适的、操纵轻便的、可靠的驾驶环境和乘坐环境，即设计一个最佳的人—车—环境系统。

产品的视觉美感既包括造型形态美、材料美等基础内容，又涉及产品与人的亲和性、产品趣味性等情感内容。在电动汽车产品形态上，一般要考虑到仿生学与产品语义学相结合，从而达到视觉上的最佳效果。寻求一种生物外观形态与产品整体造型语义能够结合出一种新的形态，将这种形态运用到电动汽车产品设计方案中。因此，在设计的过程通过对仿生物形态的研究，在自然界中寻找设计灵感，将自然形态和人工形态有机、合理地结合，创造出电动汽车产品的全新造型形态。

第五章　虚拟现实在产品设计中的应用实践

在本章内容中，我们将主要探讨虚拟现实在产品设计中的应用分析，这一章是对上一章内容的提炼与升华，将虚拟现实与产品设计相关概念从理论层面提升到实践层面上来，本章主要对五件虚拟现实产品设计作品进行分析，以期实现虚拟现实与产品设计的完美结合。

第一节　Waterfall 智能水龙头设计

作品名：Waterfall 智能水龙头；作者：王伶；指导教师：岳广鹏。

一、产品设计说明

俗话说，民以食为天，鲜香从口入，病亦从口入。在生活的食品中，一些看不到的农药残留、催熟剂、重金属、致病菌危害我们的身体健康。此款设计为智能水龙头，在菜池上添加了可检测细菌的拉曼光谱。在清洗果蔬的过程中，可检测肉眼看不到的细菌和病虫害，通过屏幕显示出来，在进行相关的杀毒和清洗，最直观的关注食品安全。底座后面设计了超声洗，采用超声波特色频段，去除海鲜等食品中顽固的细菌（图 5-1-1）。

图 5-1-1　Waterfall 智能水龙头产品设计说明

二、产品设计草图

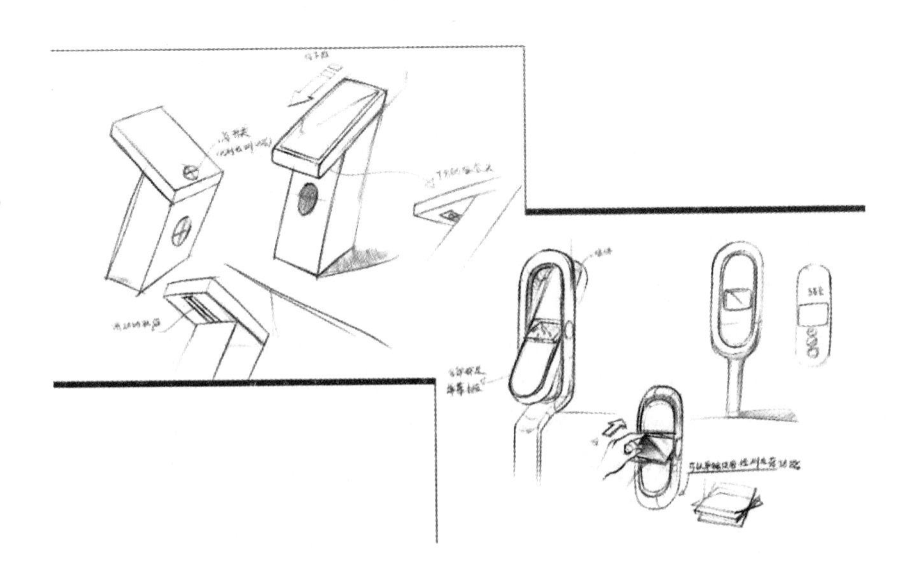

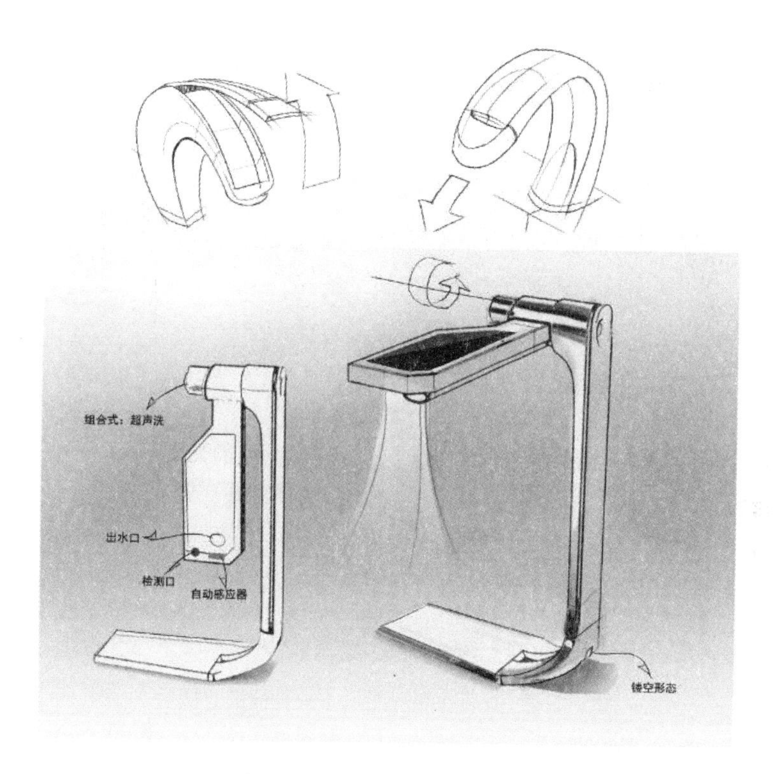

图 5-1-2　Waterfall 智能水龙头设计方案产品草图（一）

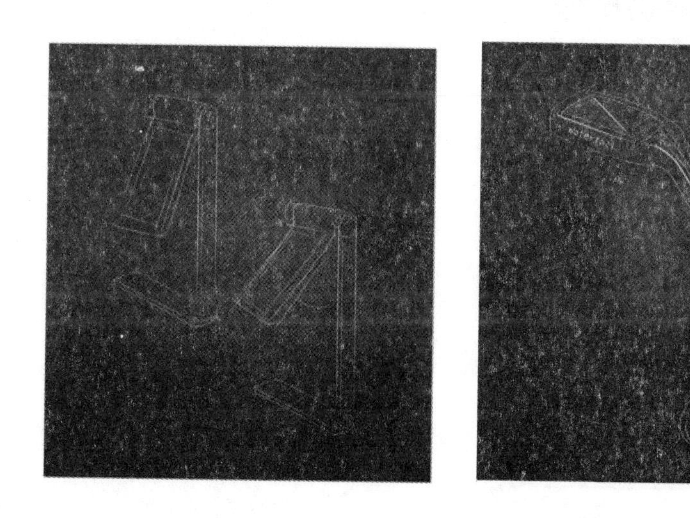

图 5-1-3　Waterfall 智能水龙头设计方案产品草图（二）

三、产品细节展示

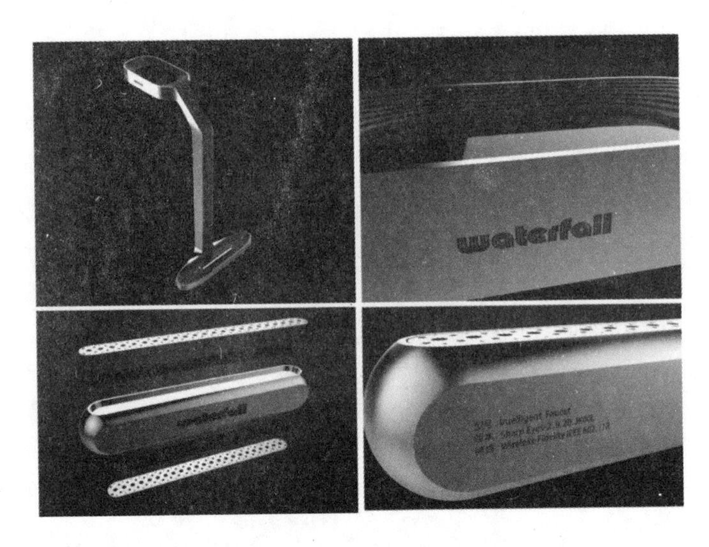

图 5-1-4　Waterfall 智能水龙头设计细节展示

四、产品界面操作

如图 5-1-5 所示，为 Waterfall 智能水龙头操作界面。

图 5-1-5　Waterfall 智能水龙头操作界面

CCTV 央视报道每 10 万人就有 315.8 人得癌症，农药滥用加重癌症新发病例 315.8/10 万。如图 5-1-6 所示为 Waterfall 智能水龙头显示屏（一）。

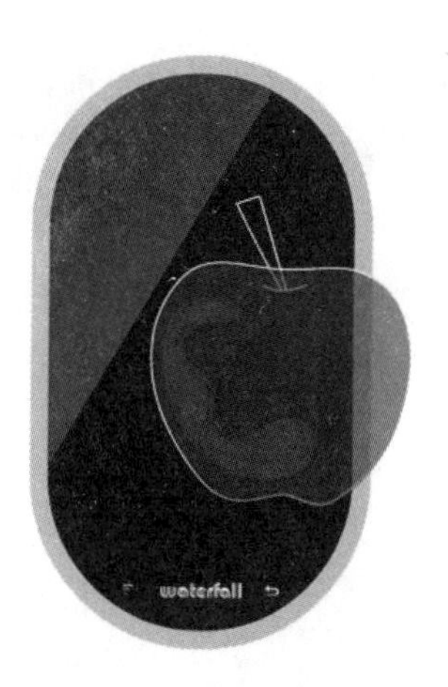

图 5-1-6　Waterfall 智能水龙头显示屏（一）

通过显示屏可快速分析果蔬食品上的细菌等病虫害，检测分析完成，再通过清洗，亲眼看到细菌的消失。如图 5-1-7 所示，为 Waterfall 智能水龙头显示屏（二）。

图 5-1-7　Waterfall 智能水龙头显示屏（二）

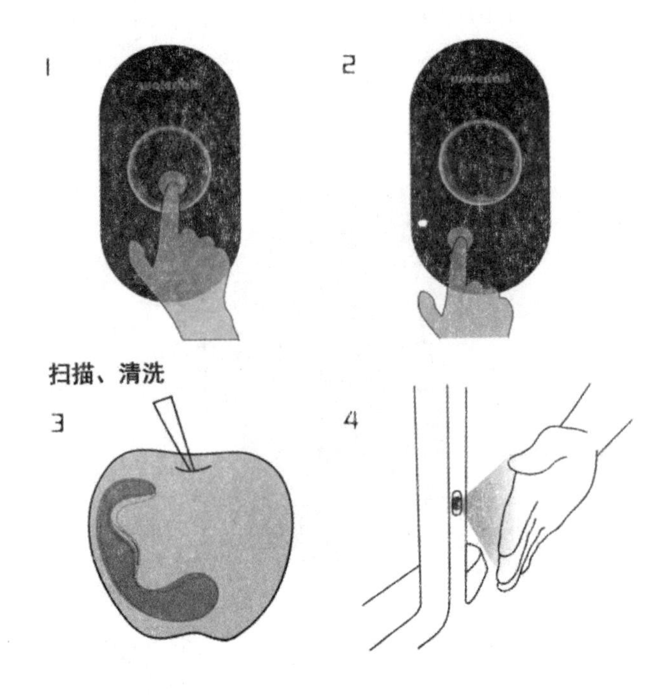

图 5-1-8　Waterfall 智能水龙头操作步骤

如图 5-1-8 所示，为 Waterfall 智能水龙头操作步骤，共分为 4 步，操作过程简易明了。该水龙头能够有效去除蔬果上的细菌及农药残留物，保障人们的食品安全，进一步提升人们的生活品质。

五、产品爆炸图

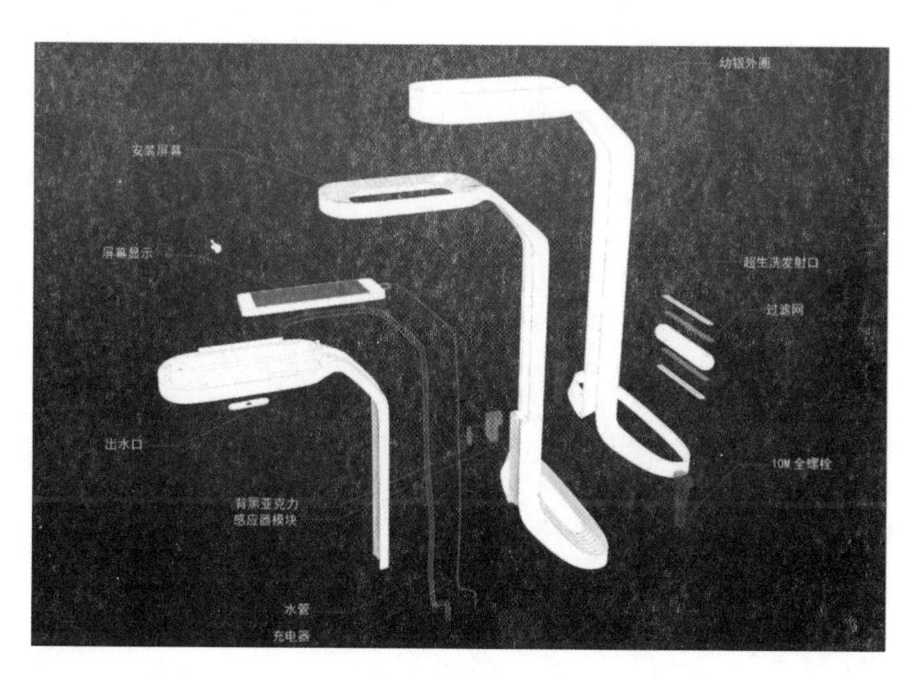

图 5-1-9　Waterfall 智能水龙头产品爆炸图

如图 5-1-9 所示为 Waterfall 智能水龙头产品爆炸图，从图中我们可以得知，产品分为出水口、屏幕显示、水管、充电器、安装屏幕、背黑亚克力感应器模块、幼银外圈、超声洗发射口、过滤网、10M 全螺栓等几个部分。

六、设计六视图

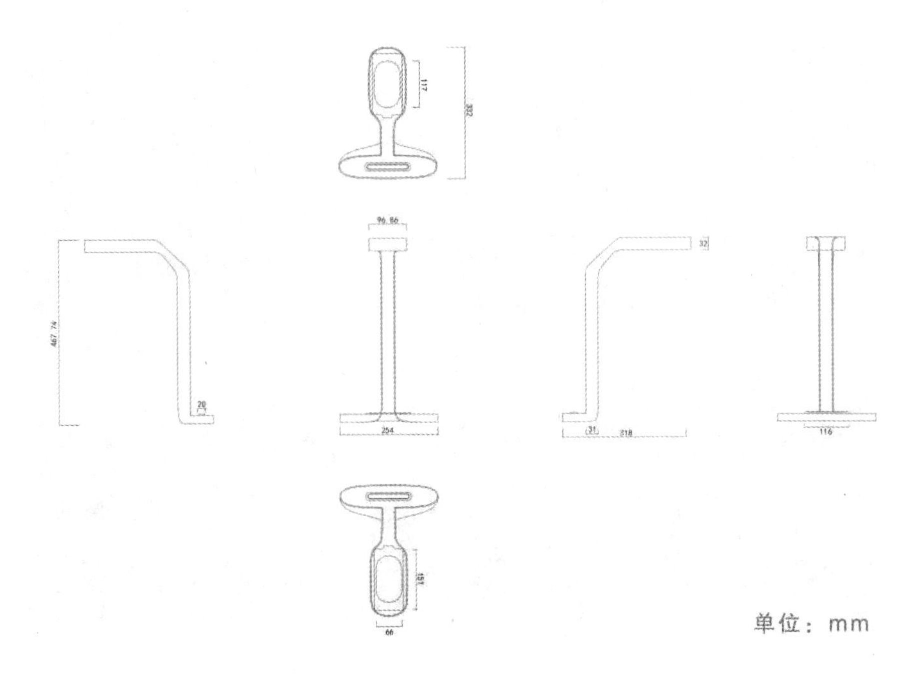

图 5-1-10　Waterfall 智能水龙头六视图

七、产品工艺说明

（一）整体说明

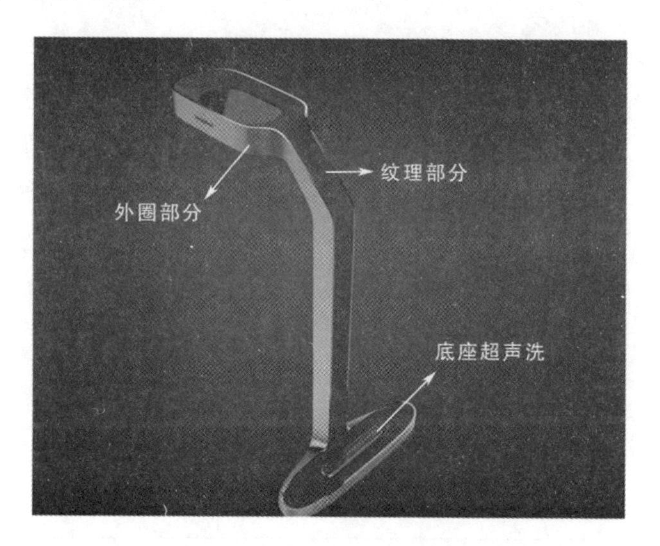

图 5-1-11　Waterfall 智能水龙头整体说明

如图 5-1-11 所示，产品的整体由三个部分组成，外圈部分、纹理部分、底座超声洗部分。

（二）内部零件说明

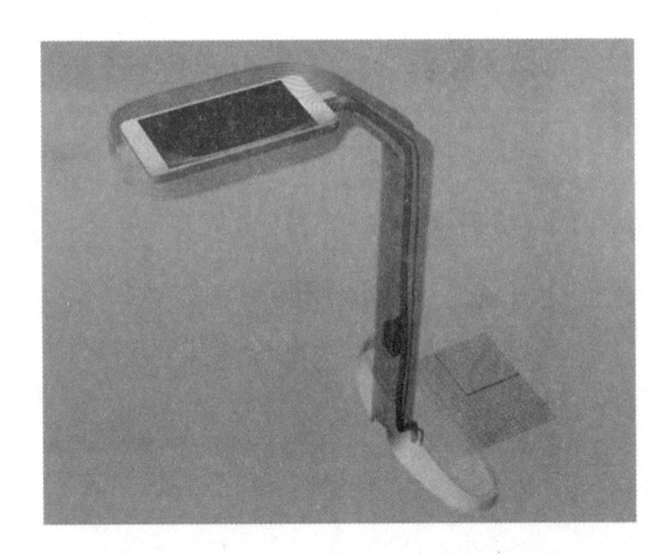

图 5-1-12　Waterfall 智能水龙头内部零件说明图

表 5-1-1　内部零件介绍

物件	具体介绍
手机	154. 5×76×7. 8mm
感应器	
水管	直径 7mm
充电器线	直径 2mm

（三）超声洗部分

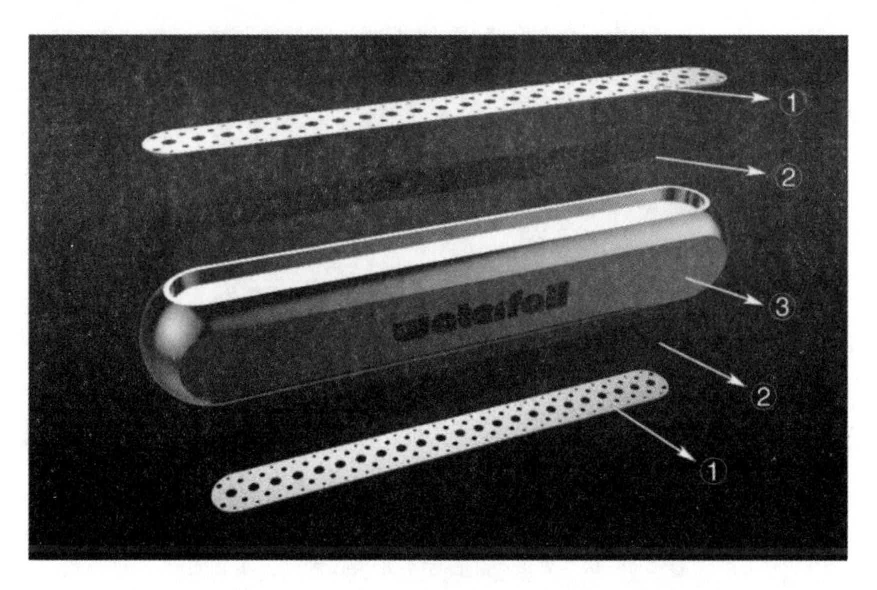

图 5-1-13　Waterfall 智能水龙头超声洗部分示意图

表 5-1-2　Waterfall 智能水龙头超声洗部分说明

名称	数量	材质说明	其他说明
①	2	abs 材料制作，保证零件之间能够装配好	喷漆：幼银
②	2	透明亚克力背黑，②和④对称	背面喷黑色
③	1	abs 制作，logo 准确位置参考丝印文件	喷漆：幼银

（四）纹理部分

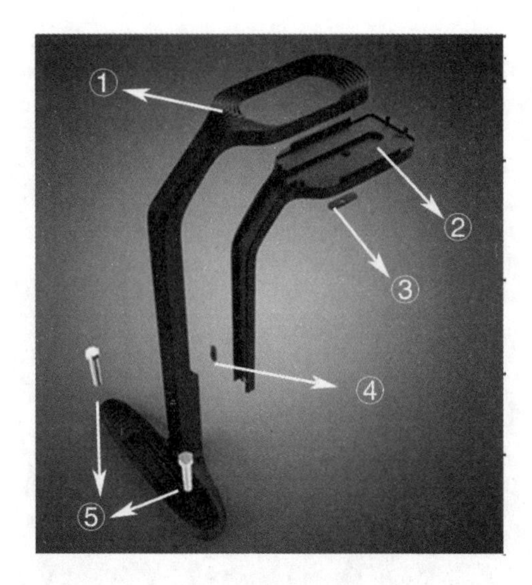

图 5-1-14　Waterfall 智能水龙头纹理部分示意图

表 5-1-3　Waterfall 智能水龙头纹理部分说明

名称	数量	材质说明	其他说明
①	1	3d 打印，模型严格按照 3d 模型制作	亚光黑色
②	1	3d 打印，内部要放水管、感应器，制作要精准，表面纹理打磨一定要细致	亚光黑色
③	1	出水口纹理，分体加工，按 3D 模型制作	亚光黑色
④	1	透明亚克力，背黑	
⑤	2	螺栓预埋到主体里，后期与桌面固定。标准 M10 全螺栓，长度 100mm	GB5783

（五）外圈部分

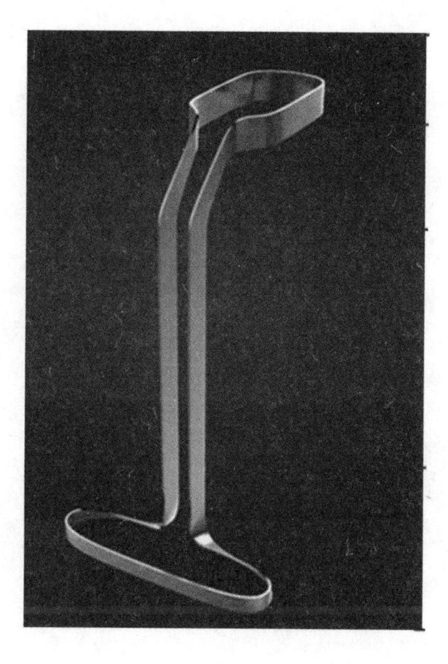

图 5-1-15　Waterfall 智能水龙头外圈部分示意图

表 5-1-4　Waterfall 智能水龙头外圈部分说明

名称	外圈
加工数量	1
材质说明	abs 材料制作，模型严格按照 3d 模型尺寸制作， logo 按照丝印文件说明制作。
其他说明	全部喷漆：幼银

八、产品样机图

图 5-1-16　Waterfall 智能水龙头样机图

第二节　模块化虚拟现实头盔设计

作品名：模块化虚拟现实头盔；作者：戚洪瑞；指导教师：岳广鹏。

一、产品设计说明

目前，市场销售的虚拟现实头盔往往功能较为单一，若能将所有功能集合在虚拟现实头盔上，就能实现其价值的最大化。模块化虚拟现实头盔（图 5-2-1）是一种利用模块化组装功能的虚拟现实头盔，每个模块均由磁铁构成，采用嵌入式设计方式，进而将每个模块都有机结合在一起，进而全面提升虚拟现实头盔的功能。

头盔的重要功能在于将人对外界的视觉、听觉感知暂时封闭起来，引导用户产生一种身在虚拟环境中的感觉。其显示原理是左右眼屏幕分别显示左右眼的图像，人眼获取这种带有差异的信息后在脑海中产生立体感。

模块包括：LEAP MOTION 模块、无人机模块、手机模块、相机模块和其他功能扩展模块。

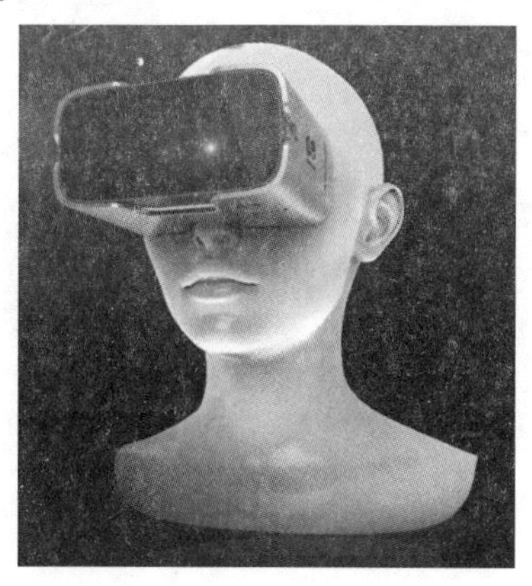

图 5-2-1 模块化虚拟现实头盔

二、产品设计草图

图 5-2-2 草图过程（一）

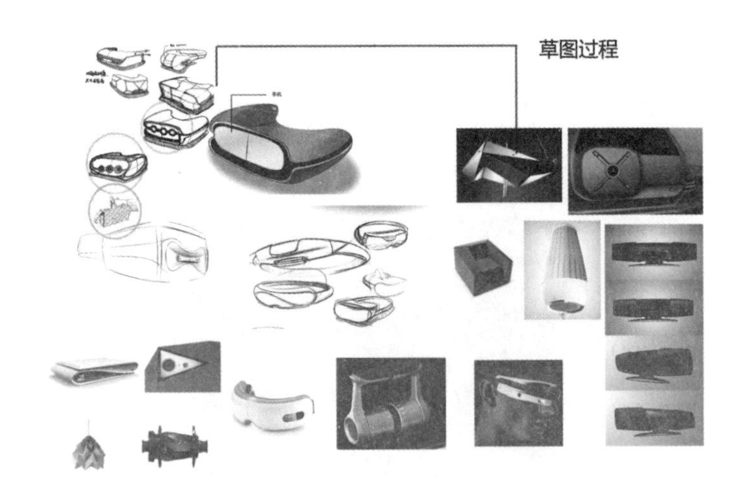

图 5-2-3　草图过程（二）

三、前期设计方案

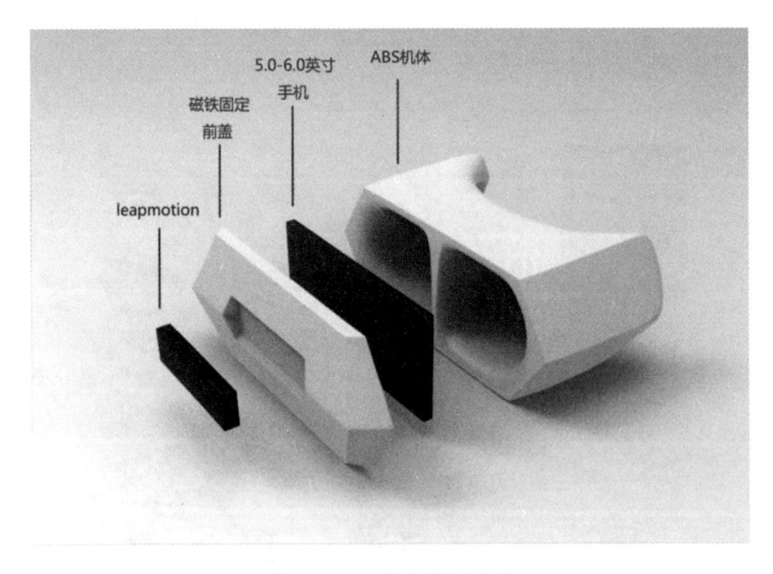

图 5-2-4　前期设计方案

如图 5-2-4 所示，为前期设计方案。结构说明：用磁铁吸附的方式固定手机，使用更加便捷。

四、产品爆炸图

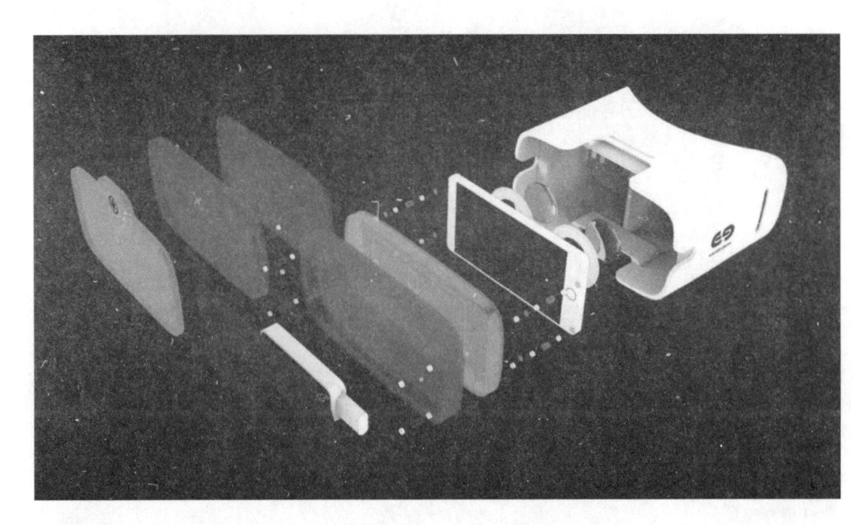

图 5-2-5　产品爆炸图

如图 5-2-5 所示为产品爆炸图，可将产品划分为 9 个部分，分别是外壳、镜片、手机核块、leap motion 模块、leap motion、亚克力薄片、功能扩展模块、无人机模块、相机模块。

五、产品三视图

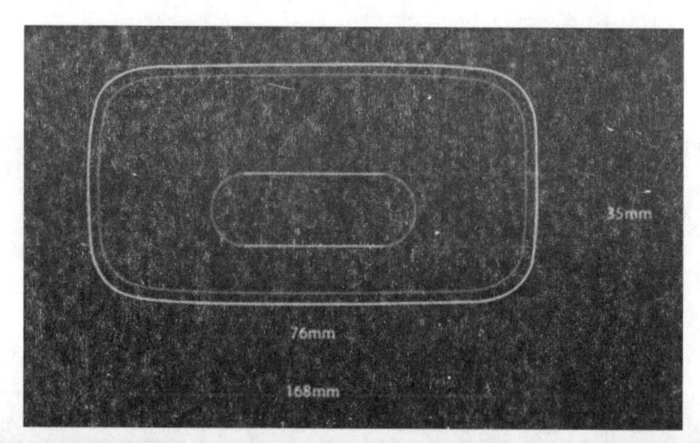

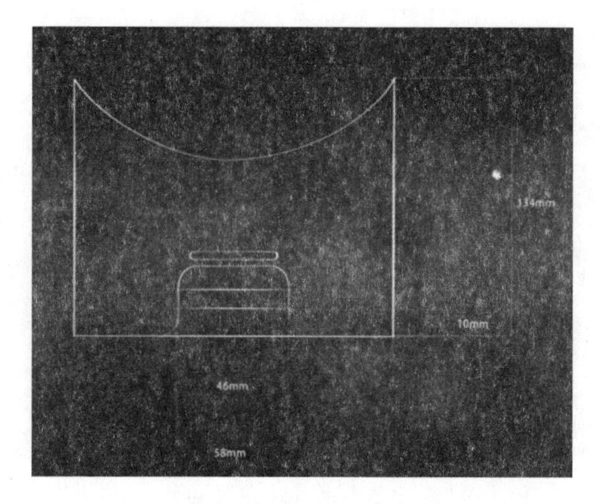

图 5-2-6　模块化虚拟现实头盔产品设计三视图

六、产品功能演示

图 5-2-7　手势控制

图 5-2-8　操控无人机

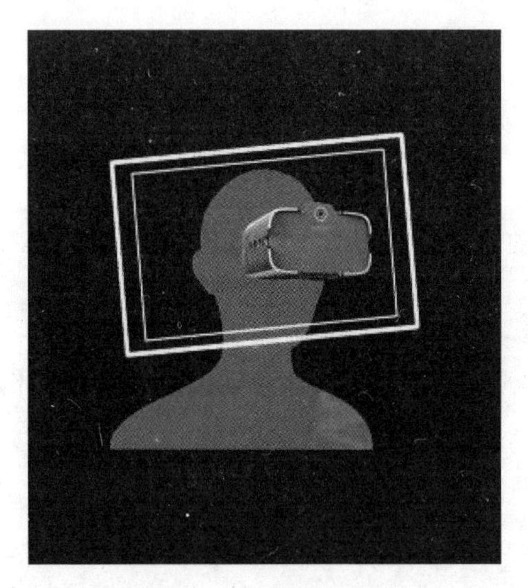

图 5-2-9　实时拍照、录像

七、产品加工过程

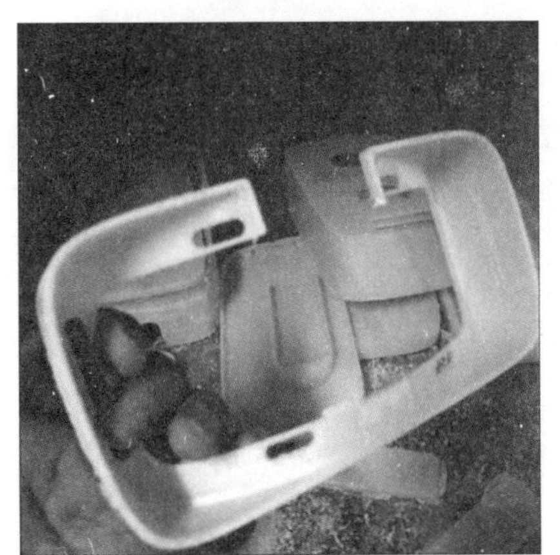

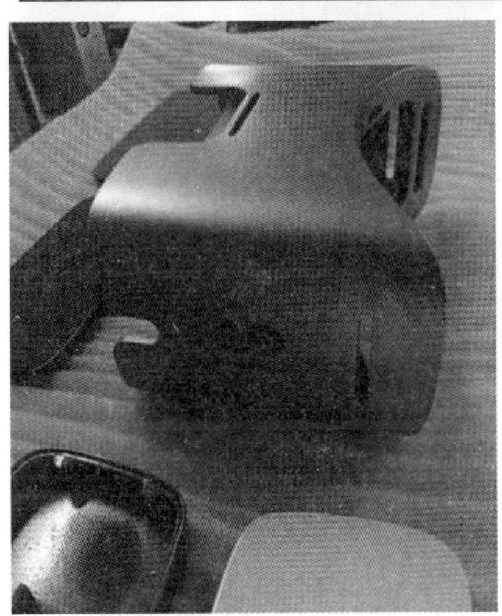

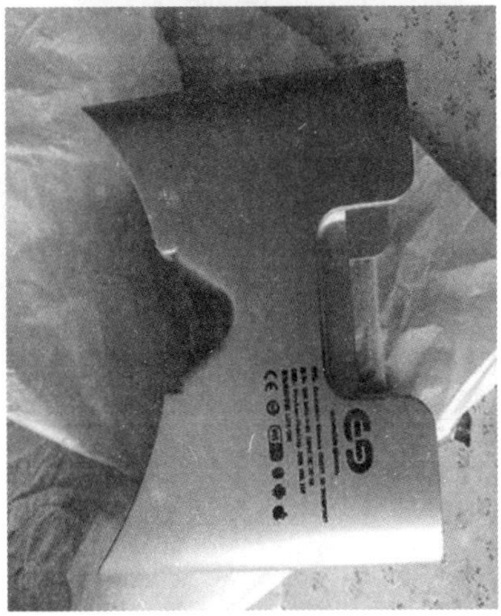

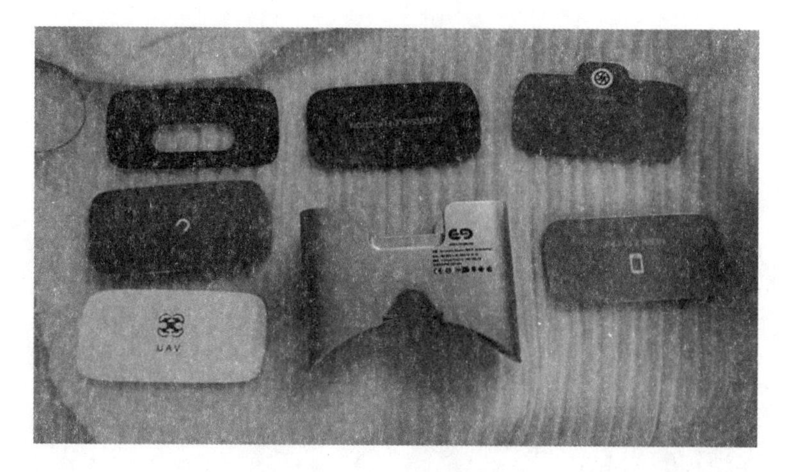

图 5-2-10　加工过程图

八、产品展览现场

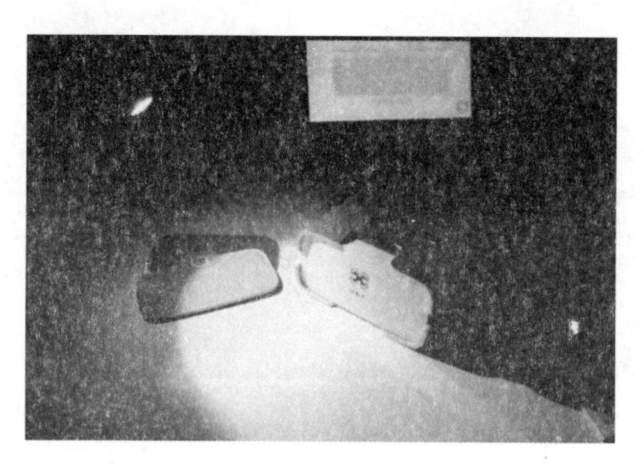

图 5-2-11　展览现场（一）

图 5-2-12　展览现场（二）

图 5-2-13　展览现场（三）

图 5-2-14　展览现场（四）

图 5-2-15　展览现场（五）

第三节　Carrier 货物运输机器人设计

作品名：Carrier 货物运输机器人；作者：张庆茹；指导教师：岳广鹏。

一、产品设计说明

随着生活水平的提高，人们的出行变得更加频繁。而在出行的过程中，自然就少不了随身带一些行李，这就为出行提供了很大的不便捷。Carrier 是一款货物运输机器人，主要服务于大型车站，也就是说它运载的主体不是人，而是物品，它不仅可以帮用户省去很多不必要的麻烦，并且还可以帮助车站等大型场所提供服务。Carrier 的前置摄像头，能自动跟踪用户行走，把行李放在上面，这就减少我们在旅途中东西多容易丢失东西的现象。本身还自带避障功能，并且自己可以自动充电，当电量不足时，会自动寻找充电站。模块化还可以为车站提供大型的运送服务。为我们的生活提供了很大的便利（图 5-3-1）。

图 5-3-1　Carrier 货物运输机器人外观

二、产品设计草图

图 5-3-2　Carrier 货物运输机器人产品草图

三、产品三视图

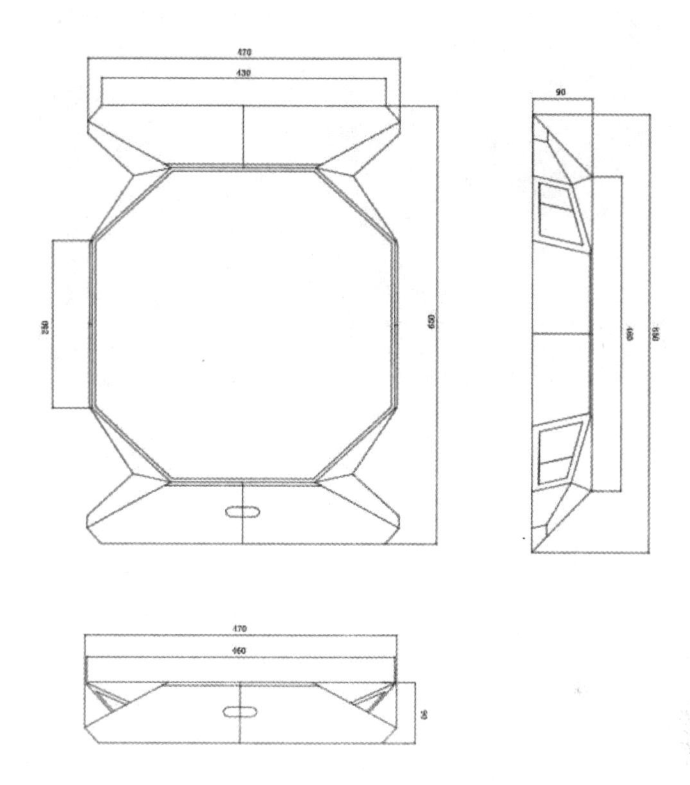

图 5-3-3　Carrier 货物运输机器人设计三视图

四、产品加工图

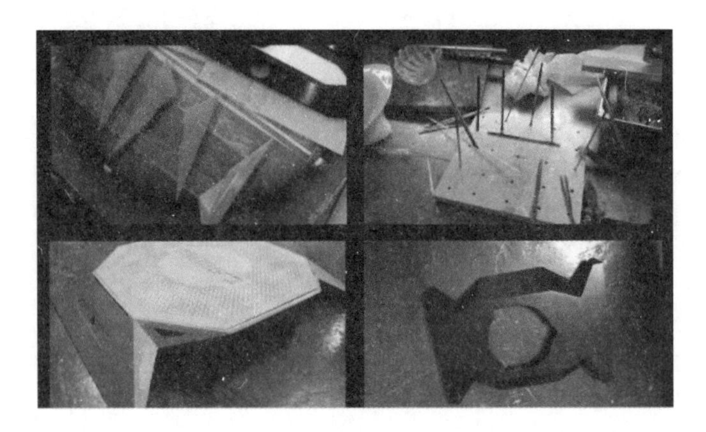

图 5-3-4　Carrier 货物运输机器人加工图

五、产品爆炸图

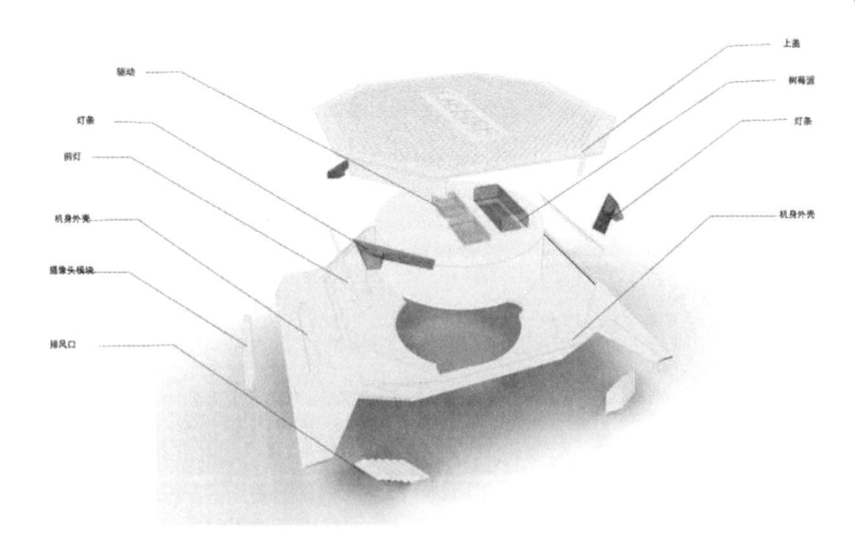

图 5-3-5　Carrier 货物运输机器人产品爆炸图

六、产品细节图

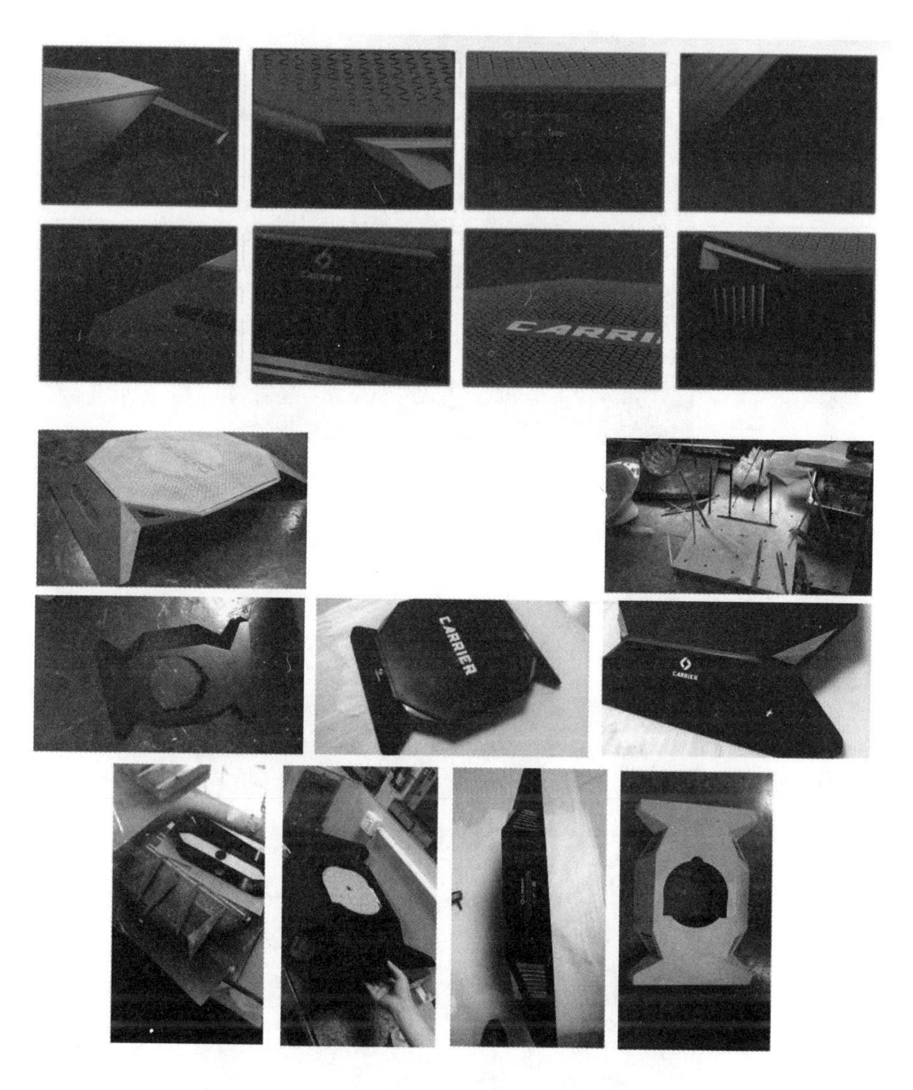

图 5-3-6　Carrier 货物运输机器人产品细节图

七、模块化机器人

图 5-3-7　模块化机器人

八、产品使用场景

图 5-3-8　Carrier 货物运输机器人使用场景

第四节　OPS 医疗助手设计

作品名：OPS 医疗助手；作者：王丽明；指导教师：岳广鹏。

一、产品设计说明

虚拟现实是人们通过计算机对复杂数据进行可视化操作与交互的一种全新方式，与传统人机界面相比，虚拟现实在技术上展现出更多优势，其应用范围也越来越广泛，不仅在娱乐行业中有着十分广泛的应用，而且在医疗领域也有着良好的应用前景。

当前，随着社会生活节奏的不断加快，人们越来越无暇顾及自己的身体健康，导致身体长期处在“亚健康”的状态之中。调查显示，目前我国的潜在心脏病患者人数高达 6000 万，其中有一半患者需要进行心脏外科手术，但实际上，我国每年心脏手术仅在 8 万例左右，为提高手术成功率，医疗专家往往选择为一些轻症患者进行手术，导致大量重症患者得不到有效治疗。

OPS 医疗助手是一款能够辅助专家进行心脏手术的虚拟现实医疗设备。该设备主要分为扫描手把，主机以及配套手术工具三个部分，每个部件之间用无线和蓝牙连接，使用者可通过扫描手把扫描患者的患处并传输到主机内形成全息投影，使用者可对投影进行移动、缩放、旋转等命令，方便观察扫描过的患处，也可使用配套的手术工具对投影进行分割、缝合等动作，模拟真实手术。OPS 助手的主机还能够像电脑一样存储扫描过的图像方便使用者随时进行手术练习。OPS 助手可以帮助医生进一步了解病人的症状，并对“疑难杂症”进行多次手术模拟来提高真实手术的成功率，尽全力拯救更多的生命。实习医生和医学院的学生也可以使用 OPS 助手进行手术练习，提高自己的专业技能。

二、产品使用说明

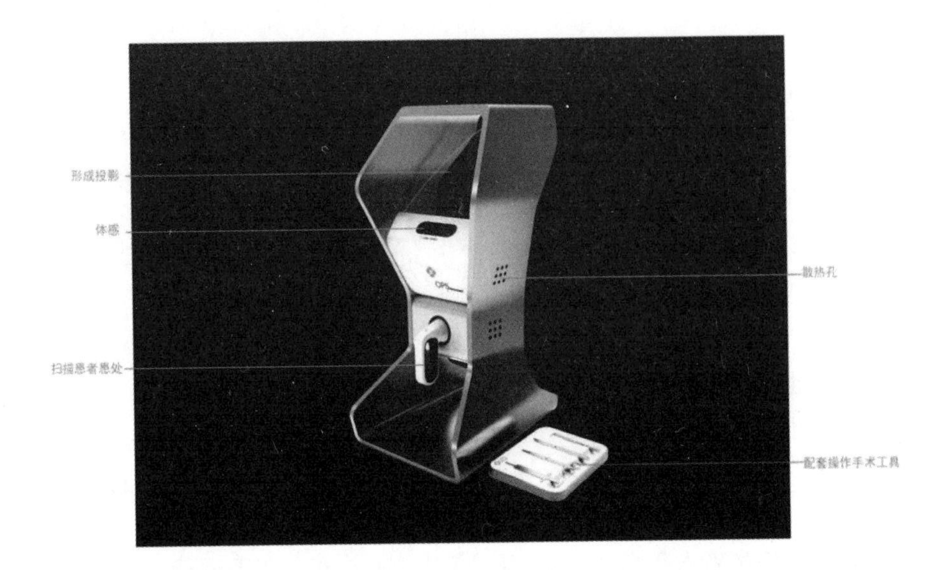

图 5-4-1　产品功能分区

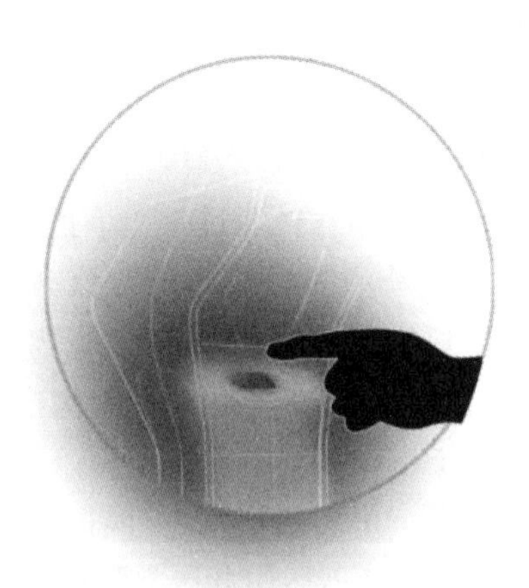

图 5-4-2　摁下产品背面开关启动产品

图 5-4-3　医生通过扫描患者患处形成投影

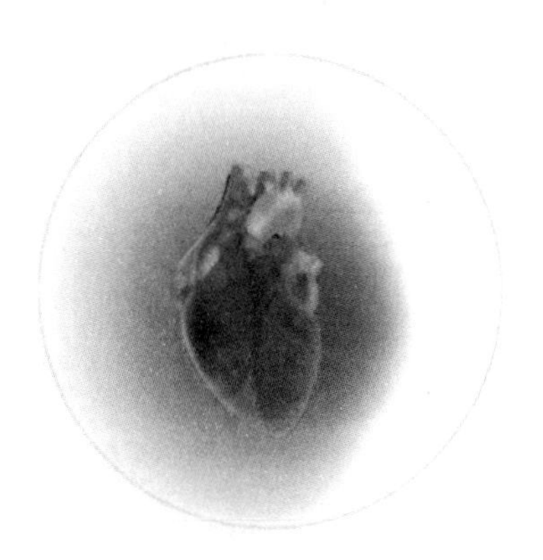

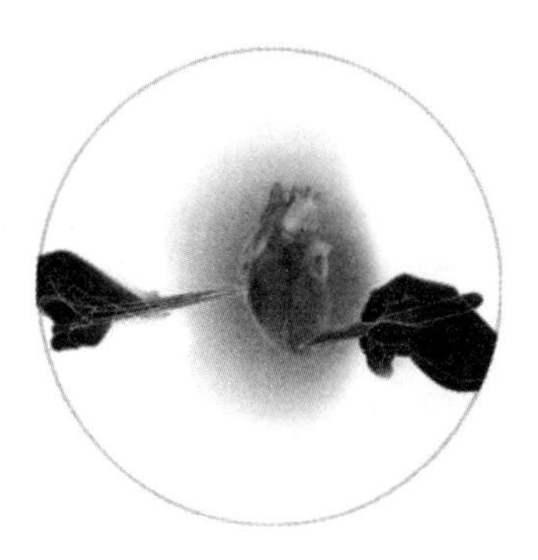

图 5-4-4　可对投影进行模拟手术，提高手术成功率

三、产品设计草图

图 5-4-5　产品设计草图（一）

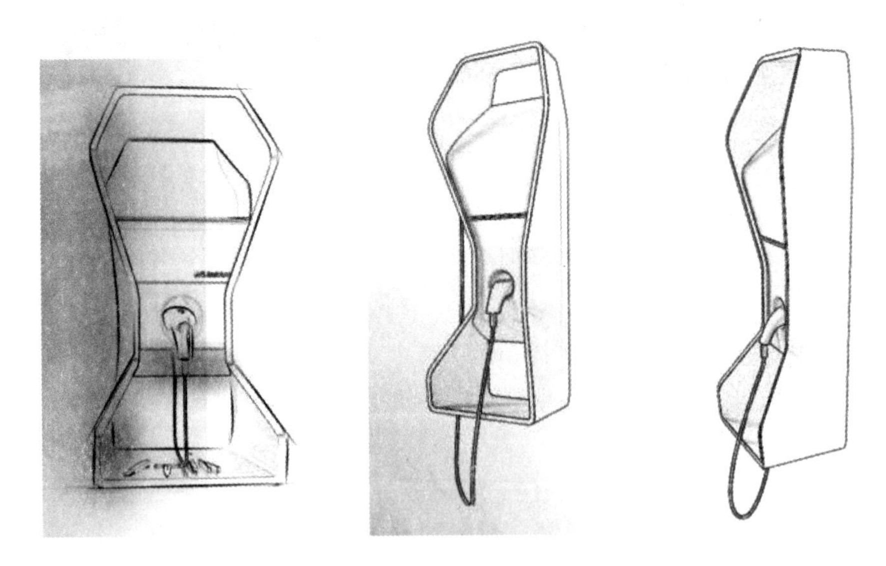

图 5-4-6　产品设计草图（二）

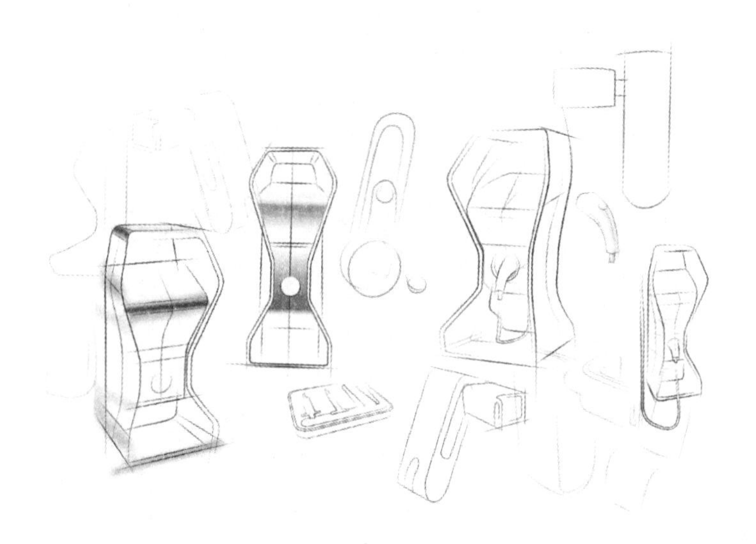

图 5-4-7　产品设计草图（三）

四、建模预想图

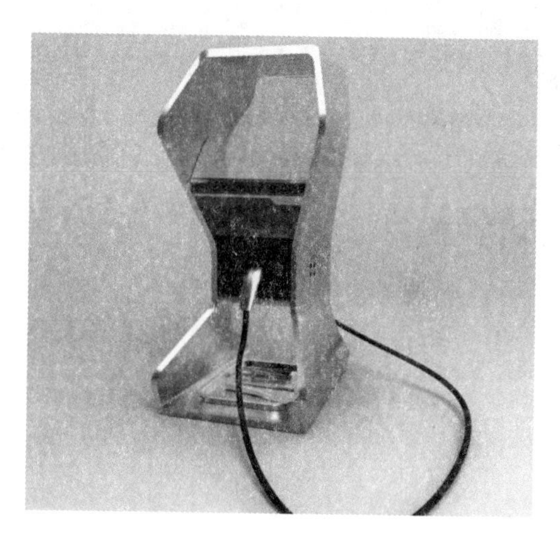

图 5-4-8　建模预想图（一）

图 5-4-9　建模预想图（二）

图 5-4-10　建模预想图（三）

五、模型制作图

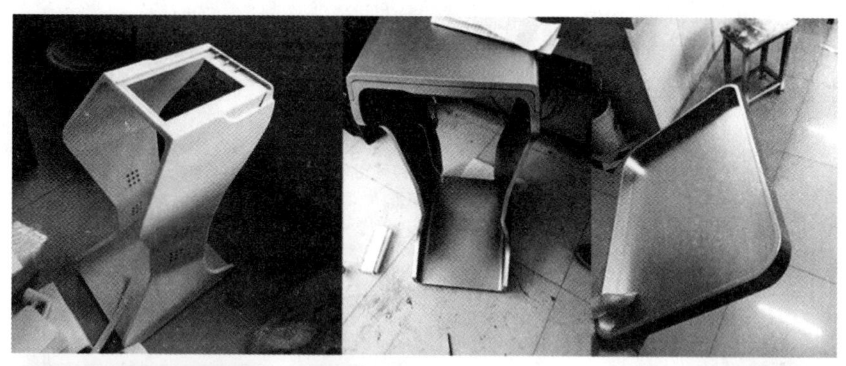

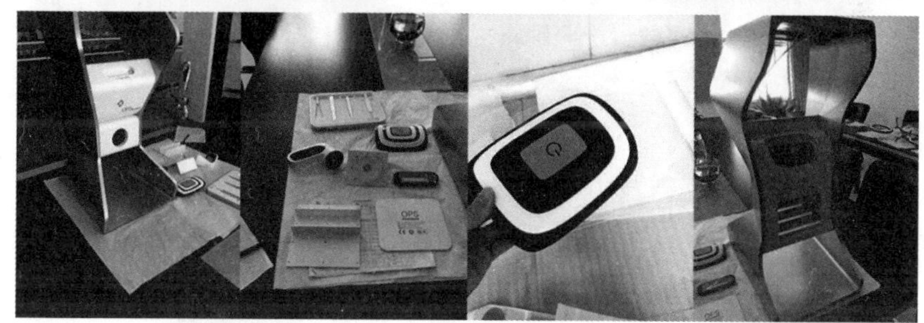

图 5-4-11　建模制作图（一）

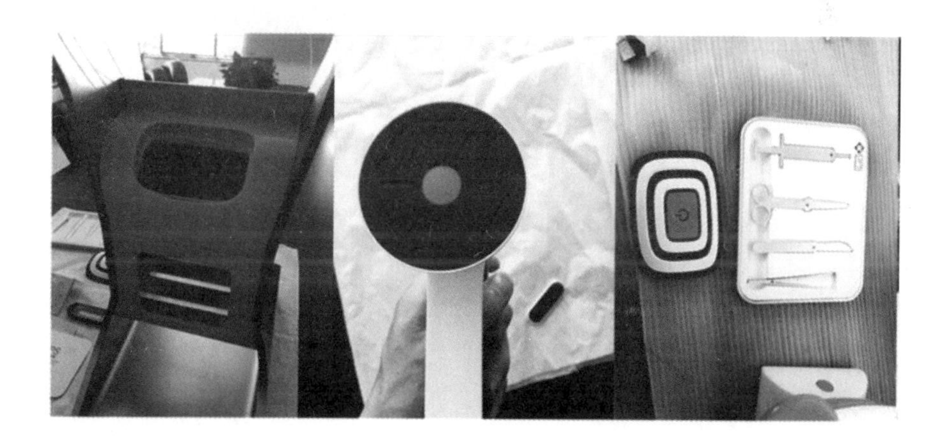

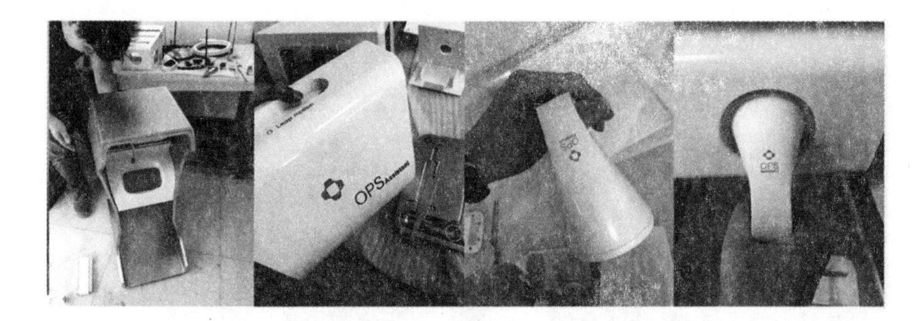

图 5-4-12　建模制作图（二）

六、产品三视图

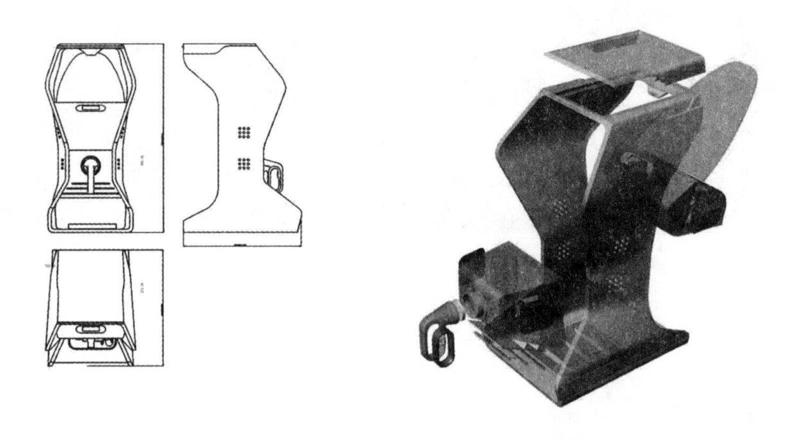

图 5-4-13　产品三视图

七、产品效果图

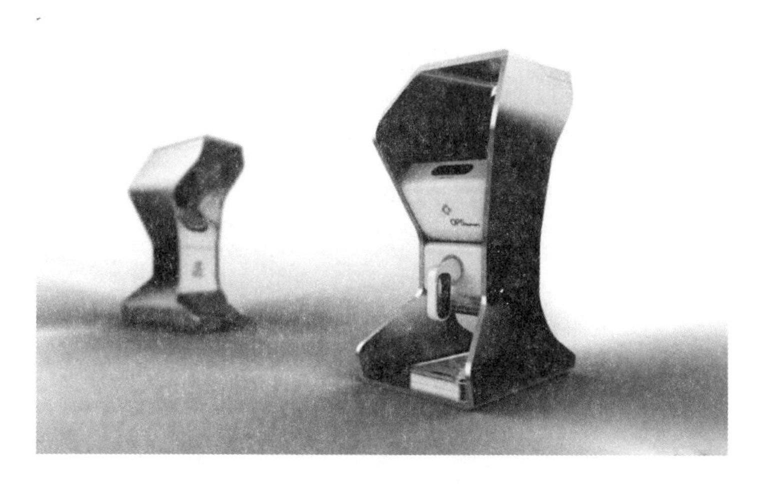

图 5-4-14　产品效果图

第五节　手语翻译器设计

作品名：手语翻译器；作者：张萌；指导教师：岳广鹏。

一、产品设计说明

体感技术，就是人们可以直接地运用肢体动作，与周边的装置进行互动，无须使用其他的控制设备，便可让人们身历其境地与装置进行互动。我国无障碍设计现行发展还未完善。设计通用化、人性化、艺术化，是其发展的主要趋势。设计中的科技含量提高。提倡人权、可持续发展、人类共同遗产的设计方向。通过这种体感交互体验形式，呼唤残疾人走出家门融入社会。帮助残疾人自强自立，走出自我封闭，也能使社会上更多的人了解和关爱残疾人。将虚拟现实融入无障碍设计中也是社会文明进步的要求。体感技术根本上地颠覆了现有的人机交互方式，由传统的按键等类似于鼠标键盘等硬件输入转变为一种手势、语音输入甚至是面部识别的新型人机交互方式。产品外观上则可省去传统物理按键等，取而代之的是体感识别镜头等。

体验设计主体是用户，情感是关键。从设计的本质上来说，设计的目的是为人，任何设计观念的形成都要以人为本，忽略与人的关系，设计就会迷失方向，产品就将失去了意义。

通过研究无障碍设计的背景、目的和意义，了解国内外市场上无障碍设计的研究现状。调研分析无障碍设计，研究体感技术和无障碍结合设计的创新方法。

目的是研究无障碍设计的现状，找出现有产品的设计问题，并提出解决方法。探索出更加科学的无障碍设计，对帮助残障人士的更加方便地生活具有重要意义。国内外对这个方面的研究很多，但是仍然存在很多不足。

二、产品效果图

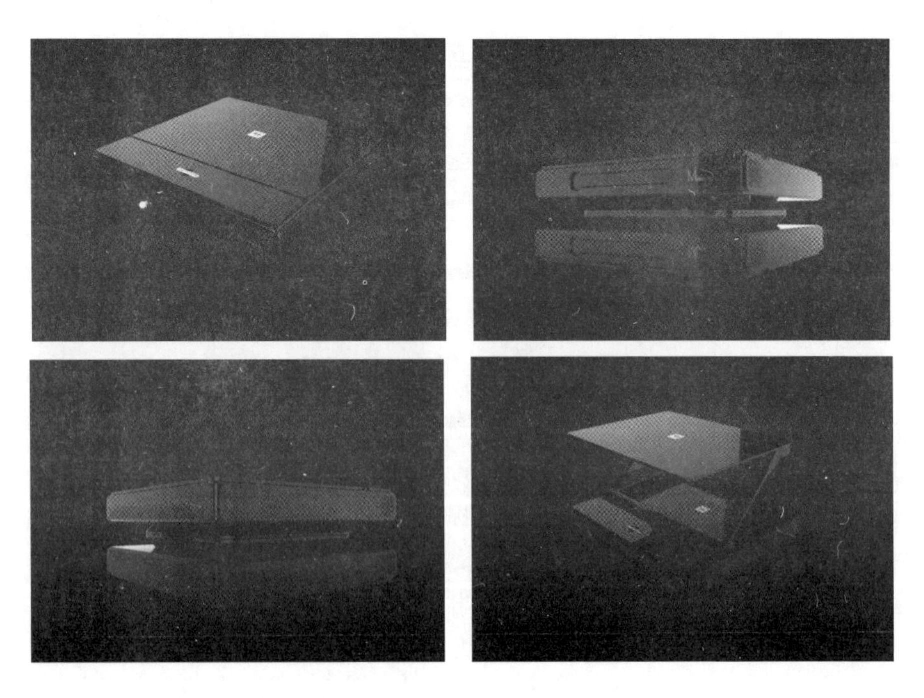

图 5-5-1 设计效果图

三、产品爆炸图

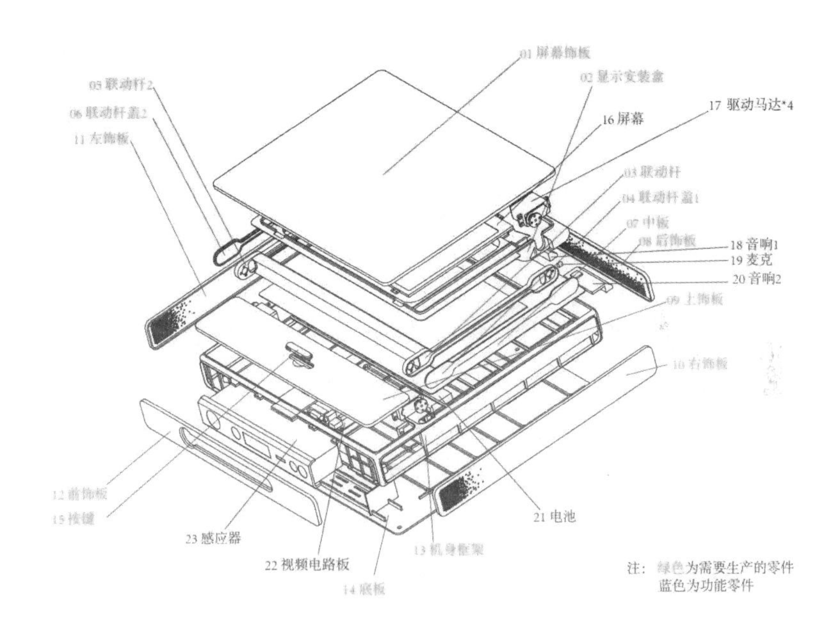

图 5-5-2 产品爆炸图

第六章　虚拟现实技术展望

本章我们将对虚拟现实技术展望进行论述，分别介绍了三个方面的内容，依次是虚拟现实的发展前景、虚拟和现实的界限趋于模糊、未来数字化人类的诞生。

第一节　虚拟现实的发展前景

自 2013 年 Oculus DKl Kickstarter 问世以来，虚拟现实（VR）一直是一个炙手可热的行业，而且从那时起就奠定了 VR 今时今日诸多成就的基础。随着第二代硬件的发布，第一代产品会完全退市，VR 才会真正走进现实。

那么第二代产品是会与第一代一样继续沿着爆炸性的轨迹发展，还是会因为更新颖的科技产品夺走早期玩家的注意力而开始降温？或者是因为度过了炒作阶段进入爬坡期，VR 会沿着一种介于两者之间的路线继续前行，而且随着其用途越来越广泛，慢慢被消费者接受。

一、未来的变化趋势

应对未知的最佳途径是回顾已知。为了更准确地判断市场的下一步走向，我们可以做的事情有：研究第二代 VR 头显、分析市场的新趋势、评估发布的新硬件，以及关注前沿企业的新动向。

二、市场情形

现阶段的 VR 市场受到很多质疑，其中就包括第一代头显的普及率。有人认为与 VR 领域得到的资金和关注度相比，投资回报太不对等；持批评态度的人也说，正是因为消费市场普及太慢才导致了 VR 的失败。这个论点还算公平，但也可能是人们对技术不切实际的期望而不是技术本身导致了失败。毕竟人们很容易被炒作诱惑，什么事都希望马上就能看到结果。

过慢的普及速度同样也让业内人士心灰意冷，无论是硬件的发明者还是内容的创作者，都迫不及待地想与全世界分享他们的作品，但世界首先得赶上他们。第一代 VR 设备的销量其实不算低，只不过大都是中低端产品。中低端设备本身没什么问题，但 VR 划时代的意义在于它能带来身临其境的体验，而只有高端（甚至顶级）设备才能发挥威力。

于是，我们又陷入了“先有鸡还是先有蛋”的局面。普通消费者在等待高端产品降价，而内容创作者在等待高端产品走进千家万户。这显然是一个死循环：高端设备的市场份额小，导致面向高端设备开发的应用软件少，而应用软件少又进一步压缩了硬件市场份额的增长空间。更可怕的是，这个循环很难被打破。科技总会经历成长的阵痛，不经历千锤百炼，哪来的功成名就？消费级 VR 在第一代就已证明了自己的不可思议，第二代产品又开始摩拳擦掌、跃跃欲试了。现在的问题是 VR 究竟能不能找准自己的市场定位。市场需要什么样的功能？能承受什么样的价格水平？或者说，当然也最有可能，会不会存在多个市场，每个市场都由不同档次的产品加以满足？

把 VR 视为一种仍在寻找自身定位的产品可能有点奇怪，毕竟第一代设备的销量和日常使用频率都要以百万来计算。但要记住，VR 可是 Facebook 首席执行官马克·扎克伯格希望有 10 亿人体验的东西。远大的目标必然伴随着殷切的期望，要让这个数量级的用户接受，VR 就必须找准自己的市场。

三、了解即将面世的软硬件

下一代头显的硬件都有哪些，我们之前已经详细说明过，但是下一代的软件和配件呢？另外，还有没有其他选择？它们又会给消费者带来怎样的影响？

VR 的兴起推动了相关产业的爆发式增长，不但头显越来越精致、越来越先进，而且软件和配件也跟着迎来了大发展。被 VR 点燃的行业不少，但谁能生存、谁能发展，还不确定。有些由第三方公司开发出的功能（如无线适配器）很受市场欢迎，所以硬件厂商直接把它们集成到下一代头显中。也有些功能，如眼动追踪，虽然也在 VR 头显的发展道路上，但至少在不久的将来，它们还是会继续由第三方提供。另外，像嗅觉这样的功能恐怕会长期留在第三方配件市场上。

至于下面这些，虽然大都不会成为第二代头显的标配，但肯定会在不久以后掀起一股热潮。

如图 6-1-1 所示，用户正在使用 HaptX 手套。

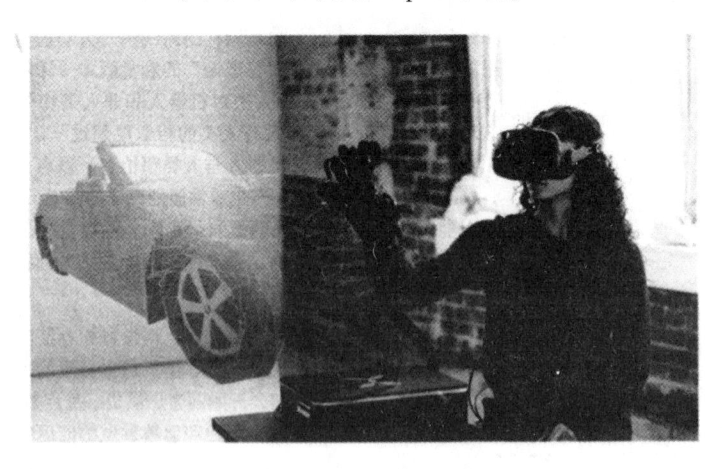

图 6-1-1　用户正在使用 HaptX 手套

（一）触摸未来

Jake Rubin 是 HaptX 公司的创始人兼首席执行官，这家致力于为数字世界开发触觉技术的公司有一个宏伟目标，而且“不到辨不清虚实那一刻，决不停止”。公司目前的拳头产品是 HaptX 手套，这是一款能带来真实触感和力反馈的划时代产物。但 HaptX 的技术几乎在什么部位都能用，包括全身套装。HaptX 的智能纺织品可以通过嵌入的微流体空气通道提供真实的质感、大小和形状，甚至还有利用冷水、热水让用户感受温度的第二层织物（可选）。

Jake Rubin 就 HaptX 和触觉技术的未来提出以下观点。

触觉技术的战场其实比 VR 大得多。触觉体现了模拟和数字两个世界的融合，不应该局限于 VR 或 AR 中的一种，应该是两种都可以用，也都从中受益。现在大家都在共同努力使触觉技术在 VR 领域有用武之地，对此，VR 用户一开始可能会大吃一惊，但 5 分钟后，他们就会回过头来说：“好吧，下一个是什么？”

我们已经解决了听觉和视觉问题，但还未解决触觉问题，所以体验仍不完整，这也正是我们努力的方向。

目前的触觉技术公司大多走的是同样的路线——振动触觉反馈。最大的问题就在这里，这是“恐怖谷理论”的触觉版本（译注：恐怖谷理论是 1969 年提出的一个关于人类对机器人和非人类物体的感觉的假设。这个理论认为，当机器人与人类的相似度超过一定程度的时候，人类对它们便会极其反感，机器人与人类哪怕有一点点的差别都会非常刺眼，从而使整个机器人产生非常僵硬恐怖的感觉）。目前还没有一种技术能以低于 1000 美元的造价做出理想的触觉传感器，因为光是振动还不足以欺骗大脑，而这些产品的跟踪效果大都很糟糕，手指跟踪也不精确。

我们走了一条不同的路线。从高端起步，再慢慢想办法降低价格。从本质上讲，就是制造了一个产量有限、出货量也有限的东西，然后把它搞定。今年（2018 年）我们会开始向客户供货，重点是企业级市场。人们对这项技术在医疗、国防、工业和急救领域的应用很感兴趣，在设计和制造领域也是如此。

我们在技术层面才刚刚越过“恐怖谷理论”阶段。这个领域离市场大范围接受还有大约 5 年的时间。过程很缓慢，但是很稳定，而如果把时间跨度放得足够长，百分之百的沉浸感才是终极目标。在那一天来临之前，我们恐怕还是得走出家门，到 VR 游乐场或其他什么地方才能体会到 VR

和 AR 的触觉感受。而 10 年之内，普通用户应该能开始在家里配备这套系统。

注释：“恐怖谷”（Uncanny Valley）这个词，用来指代计算机生成的角色或机器人与真人几乎完全相同的现象，但由于他们之间的相似度极高，开始引发真人的反感。想想那种非常逼真的人体模型，脸上有生动的表情，再想想腹语表演用的人偶，它们如果靠近你，是不是会让你有一种不安的感觉？这就是“恐怖谷”。而技术上的“恐怖谷”通常用来描述试图模拟现有“真实”感觉的任何问题。

（二）眼动跟踪

眼动跟踪技术可能带来的好处主要是增加了虚拟影像的表现力，提高了选择物品的速度和精度，以及利用焦点渲染功能大幅度降低图形运算的工作量。

虽然眼动跟踪功能可以内置到头显中，但恐怕没有几家厂商会在自己的第二代产品中这样做；但再往后推上一两代，这个事基本上就成定局了。没办法，其中的好处太大了。

与此同时，瑞典托比（Tobii）和北京七鑫易维（7Invensun）等第三方公司也会继续改进各自的眼动跟踪技术，毕竟这也是 VR 技术的下一个重大突破。

（三）社交和沟通

虽然 VR 世界也有不少社交应用，但社交互动功能仍是它的短板。像 Rec Room 中的《反重力》游戏在“纯社交”应用和游戏之间实现了完美的平衡，玩家如果不想社交还不行，Rec Room 会强行要求玩家与别人一起玩游戏，这就消除了在 VR 中遇到陌生人的潜在尴尬的情景。

有些应用，如 Pluto VR，采用的是另一种思路：跳出特定的应用。即用户无论用什么 App，都可以通过 Pluto 与其他人交流。Pluto 的做法是在当前运行的 VR 程序之上叠加一层画面，于是任何一款 App 都变成了与朋友见面的区域。但 Pluto 的发明者认为它根本不是一款社交程序。没错，Pluto VR 联合创始人 Forest Gibson 就是这么说的：“Pluto 不是社交程序，我们认为 Pluto 是一款用于直接沟通的 App。”在任何 VR 程序中，用户都可以通过 Pluto 联系朋友，然后他们就会以悬浮的虚拟影像出现在当前的环境中与用户聊天。无论用户启动什么 App，都不会影响 Pluto 的运行。

如图 6-1-2 所示，是 Vive 家庭环境中的 Pluto VR。

图 6-1-2　Vive 家庭环境中的 Pluto VR

（四）连接虚拟世界

Forest Gibson 和 Jared Cheshier 是 Pluto VR 的联合创始人，他们坐下来（当然是虚拟的）共同讨论过 Pluto VR 的话题，也讨论了未来混合现实世界中的沟通问题。

关于 Pluto 的目标，Forest Gibson 说："我们正在建立下一代通信体系。用它是否可以做一些现实中的事情，如上班下班、上学放学，它能克服很多障碍，为我们打开新世界的大门。我们希望它能帮助人类突破地点的限制。" Jared Cheshier 还说："我们的想法是，不应该让所处的位置影响人们之间的交流，不管相隔多远，都应该像在同一个房间里一样。"

Forest Gibson 也提到了沟通在 VR 世界中面临的一些困难："VR 目前面临着应用运行的单进程问题，即一次只能运行一个 App，这个问题很复杂。如果一次只能运行一个应用，人们就会希望一个应用能够满足所有需求：能交流、能娱乐，还能工作，这瞬间会有很大压力。但我们对 PlutO 采用的是直接沟通模式。"

Jared Cheshier 说："Pluto 运行在其他 VR 应用之上，以叠加方式呈现，比如，它有点像传统 2D 界面下的 Skype，而用 Skype 聊天是看不到对方运行的其他应用的。"

Jared Cheshier 还说："Pluto 是最早可以与其他 VR 应用同时运行的 App 之一，这也是我们对未来混合现实世界的设想。不再受一次只能运行一个应用的限制，Pluto 将与其他应用一起工作，也就是说无论用户运行什么应用，如果需要，就可以随时把它调出来，我们相信这就是未来。我们希望我们正在做的工作能对 OpenXR 等标准有所贡献，不要只考虑完整环境式的应用，也考虑一下这种分立式的应用。想象一下 VR（手表）这种简单 App，它应该随时都能与其他的 App 一起运行。我们希望通过我们的努力，将来可以用 OpenXR 这种开放标准来实现它。"

关于这个话题，Forest Gibson 说："希望在未来一两年内，我们能拿出初步作品给第一批用户尝鲜，虽然 VR 并未真正进入主流市场。至于沟通的原理是什么，我们如何通过沟通感知这个世界，我们才刚刚开始有了自己的想法，最早进入我们视线的是位置跟踪技术。我们对世界的真实感知在很大程度上依赖于我们如何移动，这是感知世界的关键。凡是不具备位置跟踪能力的硬件平台，我们认为都不足以支撑未来的计算。而当我们移动的时候，能以自然的方式感知世界非常重要。"

Jared Cheshier 补充说："事情一旦到达某个门槛，一切就顺理成章了，一旦真的实现，必是人类的巨大飞跃。但是硬件的发展轨迹就是如此。好在随着各大平台开始支持多程序并行，随着有些 App 开始利用硬件实现一些功能，我们终于看到这一天了。"

Forest Gibson 最后总结道："新事物总是与人们过去的习惯完全不同，所以需要很长时间才能接受，接受的过程也会相当缓慢，但最终一定能实现我们想象中的未来：无论置身何地，宛如当面交谈。我们现在做出来的虚拟影像虽然还很粗糙，但随着技术的不断进步，会越来越接近真人。我们坚信，在未来的世界，位置问题不再重要。"

注释：OpenXR 是一个由大量 VR/AR/MR/XR 专家和公司组成的机构，致力于为 VR 和 AR 设计一套标准，这些标准会使构建和开发 VR 和 AR 软硬件更简单，还可以跨平台工作。

社交和沟通是影响 VR 未来的重要因素，虽然头显厂商有办法实现用户之间的互动（无论远近），但它们不可能独自解决问题，所以，VR 社交的发展路线应该由软件开发人员来决定。

此外，VR 社交很可能会在未来几年实现大幅增长，因此，在不久的将来，这个难题还是应该交给软件开发人员来解决。

第二节 虚拟和现实的界限趋于模糊

就目前的技术水平而言，虚拟现实的应用场景局限于影音娱乐，以及部分在线娱乐、社交。虽然对于使用者而言，可以获得更加真实的影音效果，可以通过头部移动、手势来控制交互，但是并不是完全颠覆式的体验，更多的只是面向科技爱好者的升级版的 3D 效果加动作感应。相较而言，现实增强型设备的应用场景更广阔些，在工程设计、现代展示、医疗、军事、教育、娱乐、旅游中都大有用武之地。但是如同上一节所述，虚拟现实有潜力成为人类文明的一个里程碑。但是届时所需要的技术将远不止一个头盔设备或一套动作捕捉系统。

在电影黑客帝国（matrix）里描述了一个虚拟现实代替实际现实的世界。在影片中，人类肉体的五感消失，取而代之的是直接使用一根钢针插入人体后脑勺，通过神经直接传输进所有的与外界的交互：听觉、触觉、嗅觉、运动，并且用一个完美模仿现实世界的虚拟现实世界，代替真实人类社会的组织与架构，人类的生存变为一个类似于“缸中脑”的生存方式。

在生活中，人所体验到的一切与外界的交互最终都要在大脑中转化为神经信号。假设一个大脑并没有躯体，只是生活在营养液中维持它的生理活性，但是这个大脑被传输进各种神经电信号，让它感觉自己是一个人类，活在一个世界中，并且可以随意地和外界交互，那么大脑实际并不能发现自己没有肉体，因为一切的感觉、触觉、听觉、嗅觉、移动反馈，都和它如果有肉体一模一样。

这样的一个“缸中脑”的模型，是虚拟现实的最终目的：使用计算技术模拟出一个现实，并连接上人类大脑的神经系统，模拟取代现实。类似的概念并不只存在于黑客帝国中，在动漫轻小说作品《刀剑神域》中也有描述。虚拟现实设备可以代替一切人类在现实生活中可以有的体验，并且因为“虚拟”可控，可以让人类任意操作现实，只要有足够多的数据模型，任何现实生活中的体验都可以被模拟，从加勒比小岛的度假，到米其林三星的料理，与明星或者心仪的人亲密接触……一切都可以被批量生产，无限量供应，不再存在现实社会的资源有限性，每个人都可以有自己的度假小岛，天天品尝顶级美食，或者和自己心仪的明星生活在一起。

伴随着虚拟现实与真实现实之间的差距不断缩小，人类社会的生存模式面临着颠覆。我们无法预计那一天有多快到来，但是我们可以根据几个信号来判断那一天是否临近，接下来我们会根据预计的实现顺序先后来分析一下几个重要的信号：

一、内容生产能力

目前的影片游戏提供的只是2D影像，而虚拟现实所要提供的是三维地捕捉一个空间从不同角度观察可得的影像。达到这个技术，人们就可以在家中前往世界各地身临其境地参观当地的景色。同时也需要为人体动作的捕捉反馈提供一个解决方案，目前有根据定位系统定位的、根据穿戴设备定位的各种不同解决方案，也有混合两者的方案。在游戏领域的市场化应用已经开始，所以影像捕捉与处理技术是最早有望成熟并被广泛应用的技术。

目前各大游戏厂商、好莱坞等影视业，甚至成人影片公司也都在重点关注与投资这个领域，也有一些独立制片厂与个人正在尝试制作虚拟现实影片，技术成熟指日可待。

二、设备技术支持

图形图像一直是计算机内存和计算能力的压力来源，流畅地播放和处理影像对于低配置的个人设备而言已经是挑战，流畅地处理与播放虚拟现实的影像将会带来更大的挑战。流畅地处理虚拟现实的影音文件，需要有高速度的信息传输和计算技术。最有可能的突破点是目前还在研发阶段的量子计算技术的成熟。量子计算的速度远胜于传统电脑。传统计算机使用半导体记录信息，根据电极的正负，只能记录 0 与 1，但是量子计算技术可以同时处理多种不同状况，因此，一个 40 比特的量子计算机，就能在很短的时间内解开 1024 位电脑花数十年解决的问题。

虽然量子计算技术不能大规模提高所有算法的计算速度（就部分算法而言，量子计算只能做到小幅度提升），但是量子计算在优化人工智能（AI）/机器学习（Machine Learning）方面有极大的优势，而这两者的发展对于虚拟现实技术的成熟也是必不可少的。随着量子计算技术趋向于成熟，人类对信息的编码、存储、传输和操纵能力都将大幅度提升，也为虚拟现实应用的普及提供了必备的条件。

三、最难及最重要的

若要实现虚拟现实，必须将人造的信息内容尽可能真实地传达给接受者。传达的方式主要有两种：一是通过人的五官和皮肤间接地向大脑传递信息；二是跳过人的器官，直接向大脑传递信息。

目前虚拟现实的发展都是基于第一种方式，头戴式 VR 设备通过人眼向大脑传递视觉信息，振动式手柄通过手上的触觉系统向大脑传递触觉信息，一些正在开发中的设备计划在头戴式 VR 中增加一个制造气味的部件来通过鼻子向大脑传递信息……这个信息传递法的弊端很明显，能量消耗成本大，信息需要先被具体化成图像、压力或者气味，然后再被人体的器官神经系统分析还原成信息输入大脑。如果能跳过把信息具体化再信息化这两个步骤，直接把信息从电脑传输进大脑，效率将大大提高，成本将变得可控。试想一下，如同“盖茨的紧身衣”这样包裹全身，向人体全身输送触觉信号的设备，造价昂贵不说，效果也差，因为只涵盖了人体表面的皮肤，内部的神经系统是无法涵盖的。诸如胃痛或者肌肉酸疼，这样的信号是不可能通过“紧身衣”的形式传输进大脑的，唯一的可能性就是绕过人体的感官器官和触觉系统，直接向大脑传输信号。所以虚拟现实的发展，必将依托于脑科学的发展。

虽然脑科学的发展对于虚拟现实的发展有决定性的作用，但却是目前最落后的一个领域。现在，科学家们还不了解任何单个机体的大脑工作机制，就连只有302个神经元的小虫也没法了解它的神经体系。如果将大脑比作一个城市，那么目前的科学技术只能让人们看到城市的大概轮廓，却对具体细节、建筑、居民、行为模式了解甚少。

不过，脑科学的重要性在欧美、日本及国内都已引起重视。欧盟已于2013年1月启动“人类大脑计划”，将在未来10年内投入10亿欧元。欧盟的“人类大脑计划”的研究重点除了医学和神经科学外，还有未来计算机技术。科学家希望基于人脑的低能量信号传输模型，开发出模拟大脑机制的低消耗计算机。它的功率可能只有几十瓦，却拥有媲美超级计算机的运算速度。同年4月，日本的脑计划也宣布启动。

同时，美国总统奥巴马在欧盟宣布“人类大脑计划”后，也宣布启动“大脑基金计划”。该计划将从2016年起，总投资约45亿美元。科普大讲坛上，美国科学院院士、加州大学圣地亚哥分校神经科学学科主任威廉·莫布里介绍了美国“大脑基金计划”的路线图。该计划将历时10年，分为两个阶段：前5年着重开发探知大脑的新技术，如功能性核磁共振、电子或光学探针、功能性纳米粒子、合成生物学技术；后5年力争用新技术实现脑科学的新发现，包括绘制堪比人类基因图谱的“人类大脑动态图”。

“人类大脑计划”的目标就是为大脑绘制一幅导航示意图，并非静态示意图，而是一个高分辨率的动态图。“大脑单个的神经元受到刺激时做出什么反应，和其他神经元怎样互动，如何转变为想法、感情乃至最后的行动，都可以观察得一清二楚”。

基于与“人类大脑计划”相似的“人类基因组”的快速进展和突破，我们也许可以对“人类大脑计划”寄予厚望。但是作为科学界最难攻克的“堡垒”之一，“人类大脑计划”比“人类基因组计划”的难度至少提升了几百倍。目前的“人类大脑计划”就好像500年前人类对地球的认知，以空白为主，几乎靠的是想象和推测。大脑中的细胞数量多达上千亿个，相当于整个银河系总数，即便定位一个1毫米长、2毫米高的大脑截面图也需要超级计算机工作一整天。我们只能期待各国科学家加强国际合作，实现即时数据分享，尽可能地推进“脑地图”的进展。

“人类大脑计划”的动态图绘制至少需要10年，甚至20年、30年，具体日期不得而知但是并不遥远。但是只拥有脑地图离人类直接向大脑传输数据信号还十分遥远。相似的情况就如同目前的“人类基因组”计划，虽然基因组的图谱已经绘制成功，但是目前基因组信息的注释工作仍然处于初级阶段。如同刚刚出土了一块写有古代文字的石板，目前尚不具备理解的能力，距离熟练地使用石板上的文字书写、创造、编辑就更加遥远了。

虽然距离人类理解控制大脑的那一天还比较遥远，但是那一天一定会到来。届时《黑客帝国》中描述的场景也许将不再只是虚拟的幻想，人类将拥有创造出一个与现实世界可比拟的世界的能力，虚拟世界不再只是如平面影片、屏幕游戏般提供视觉和听觉的感受，而是与现实世界一样提供从视觉、听觉到触觉、嗅觉、味觉的完全真实的体验。

第三节 未来数字化人类的诞生

如果虚拟现实技术可以提供和现实一样真实的美好的体验，会有多少人沉浸于虚拟现实中而忘记现实？目前的技术所提供的虚拟世界体验远不如真实世界真实，但是已经有许多成熟的虚拟社区团体，也有无数的人以“虚拟世界”为他们的真实世界，在真实世界中打发日子，勉强维持身体机能以支持他们在虚拟世界中的生活。如果虚拟现实技术的进步，使得虚拟世界的真实度和现实生活难辨真假，但是可以满足人在现实生活中不能实现的各种愿望，那虚拟现实就是比现实生活更美好的现实，我们还有理由选择在现实世界中生活吗？

这个问题恐怕很难回答。在电影《黑客帝国》中，墨菲斯让尼奥在红色药丸和蓝色药丸中选择，一颗代表继续沉浸在美好平静的虚拟世界中，另一颗代表选择困难，前往一个远不及虚拟世界美好、不停逃难斗争的现实。在电影中，尼奥的苦难被赋予了意义，因为他所经受的苦难拯救了锡安，帮助 matrix 成功升级。

但是在现实生活中，并不是所有的苦难都有意义。对于残疾人而言，在现实生活中，他们不得不面对各种不便利，但是在虚拟世界中他们可以拥有完整自由的躯体。对于失去父母的孤儿而言，在现实生活中他们要面对失去父母的痛苦，但是只要在虚拟世界中输入并模拟他们父母的信息，他们的父母可以仍然存在，如同没有死去一样。在帮助人类克服现实生活中的一切苦痛方面，虚拟现实有无限的可能性。人生痛苦的来源，“生”“老”“病”“死”，都可以通过虚拟现实来克服。

用虚拟现实克服“生”“老”“病”十分容易，虚拟世界可以让人以他想存在的方式存在，而不是被迫出生，并投入到他所在的家庭、角色中，同时不受时间的限制，可以一直以他最喜欢的形象面貌存在。并且虚拟世界中可以没有疾病这个设置，同时即使人的本体因为疾病饱受病痛，但是虚拟现实通过直接向大脑传输信息覆盖掉原本的疼痛信息，在虚拟世界中就可以没有病痛的苦恼。

那么，虚拟现实怎么克服死亡呢？人类肉体的寿命不可避免地有极限，但是在理论上人的思想记忆及一切大脑中的数据是可以被量化记录并且永久保存的。如果可以完全保存一个人大脑中所有的记录，并且在虚拟现实世界中给予这个“虚拟大脑”一个躯体，那么重要的大脑记录将一直存在，如果搭乘的虚拟世界一直运行，那么从某种意义上，就达到了“永生”，也产生了在虚拟世界中可以不死的数字化人类。

没有肉体的数字化人类可以被算作人类，并且享有人权吗？人类的定义面临着颠覆。虽然这些数字化的过程包含着一个人完整的记忆、情感，并且在虚拟世界中创建一个有一切人类感觉的虚拟肉体，那么这些数字化的人类就如同哲学概念中的“缸中脑”，并不能感觉到自己没有肉体不真实存在，因为他们可以像真实存在于现实的人类大脑一样，操控一个躯体，并与外界交互。唯一的区别是他们的躯体是虚拟的，同时与他们交互的世界也是虚拟的，实际只是存储在某个服务器中的数据。

按照法国科学家、哲学家笛卡儿的一句名言，“我思故我在”，如果一个个体具有能够思考的能力，那么思考这个行为本身就证明了这个个体的真实存在。因为可以思考就可以怀疑我是否是真实的存在，如果我的怀疑是错的，那么我就是真实的存在；而如果我的怀疑是对的，那我就不是真实的存在，而一个不真实的存在怎么能怀疑呢？对于数字化的人类而言，他们具有思考与怀疑的能力，因此他们是真实存在的。但是他们应该被当作人类，享有人权吗？如果他们享有人权，如何保障他们的权益，如何维持服务器的运营及信息的保存，又成了新的问题。

从读取信息，把一个人数字化，到运行，维持数字化后的人类的“生命”，每一个步骤都需要消耗支出，那么这些支出应该由谁负责呢？如果以目前人体冷藏法的执行方式为样本，寄希望于冷藏保存自己遗体，并在未来被复活的人，一次性出资安排自己死后的遗体冰冻处理，并每年支付遗体继续冰冻保存的费用，那么读取信息，把一个人数字化的成本也应该由被数字化者本身出。但是对于这些冰冻保存自己身体的人而言，他们面临着未来遗体继续保存费用违约，遗体被丢弃的风险，并不能保证他们的后代（如果他们有后代的话）愿意一直持续支付他们的遗体保存费用。对于财力雄厚的人而言，也许可以在生前创立一个基金，用每年的收益来支付冰冻费用，以此来确保自己的遗体得到保存。但是对大部分人而言，这不现实，这些遗体的权益并没有办法完全地被保护。同理，数字化后的人类面临类似的风险，是否有人愿意为他们的存在持续出资？如果被冷冻的人所需要支付的保存费用还是有上限的，保存到他们被复活为止，那么永生的数字化人类的维持费用理论上会持续到永远，于是相应的费用也是无限的。

但是相比被冷冻保存的遗体，数字化人类具有不少优势：一是他们有能力为自己发声争取权益，在虚拟世界中。二是即使他们不存在于现实世界，他们仍然可以为现实世界创造价值，获得收益。想象一个被数字化了的程序员，只要他在虚拟世界中仍然与时俱进，学习新的编程技术，并且又有丰富的经验，那么他仍然可以在虚拟世界中胜任他的工作。画家仍然可以在虚拟世界中创造艺术……

虽然部分数字化人类可以创造不菲的价值，但是并不是所有的数字化人类都可以在虚拟世界中创造价值，虚拟世界中的体力劳动是没有价值的。但是退一步说，现实世界中的体力劳动者大多为低收入人群，也许对于低收入人群而言，要获得使自己数字化的一笔资金都是困难的。并且对于人类而言，使智力高、创造力强、经验丰富的研发人员，掌握技术的人数字化并且持续研究创造是一件合算的事，想象一下爱因斯坦被数字化了之后仍然持续着他的研究……但是并不是每个人的数字化都有价值。从人类文明的角度来看，使用强权政府统治，确保“有价值”的个体得到数字化永生，并且让其他维持人口基数的普通大众在不可能得到“永生”的情况下仍然安分守己地生活，也许是一个不错的解决方案。

但是这样只有部分人享有永生权利的方案并不“公平”，而集权高压政府又违背了民主开放。如果没有集权高压政府，按照自由市场经济，享有永生权利的仍然只是少部分人，而且不是对人类最有贡献的那少部分人，而是总资本雄厚、掌握社会资源的那部分人。所以一个虚拟现实成为真实的世界仍然不能避免矛盾，人性的本身决定了不管人类生活方式与科技如何进化，社会矛盾必然存在，如同阿道司·赫胥黎在反乌托邦作品《美丽新世界》中所描述的，科技的发展并不一定能促进人类社会精神文明的发展。

参考文献

［1］冯莉颖，马立尧，黄业荣．基于 AR/VR 技术的分析模块开发和应用［J］．科技创新与应用，2021（05）．

［2］陆颖隽．虚拟现实技术在数字图书馆的应用研究［D］．武汉：武汉大学，2013.

［3］周忠，周颐，肖江剑．虚拟现实增强技术综述［J］．中国科学：信息科学，2015（02）．

［4］李敏，韩丰．虚拟现实技术综述［J］．软件导刊，2010（06）．

［5］姜学智，李忠华．国内外虚拟现实技术的研究现状［J］．辽宁工程技术大学学报，2004（02）．

［6］张凤军，戴国忠，彭晓兰．虚拟现实的人机交互综述［J］．中国科学：信息科学，2016（12）．

［7］郭天太．基于 VR 的虚拟测试技术及其应用基础研究［D］．杭州：浙江大学，2005.

［8］许微．虚拟现实技术的国内外研究现状与发展［J］．现代商贸工业，2009（02）．

［9］张克敏．基于虚拟现实的机器人仿真研究［D］．重庆：重庆大学，2012.

［10］蒋庆全．国外 VR 技术发展综述［J］．飞航导弹，2002（01）．

［11］李建荣，孔素真．虚拟现实技术在教育中的应用研究［J］．实验室科学，2014（03）．

［12］周小卜．产品设计教学中虚拟现实技术的运用分析［J］．美术教育研究，2020（21）．

［13］柯红红，宋泽军．虚拟现实技术在产品展示中的应用研究［J］．信息通信，2020（11）．

［14］刘兰兰．基于虚拟现实的人机交互下协同式产品外观设计［J］．现代电子技术，2018（07）．

［15］张瑜．多通道虚拟现实人机交互系统中的产品设计研究［J］．科技创新与应用，2018（10）．

［16］刘百辰．虚拟现实技术在产品设计教学中的应用探讨［J］．科技与创新，2017（09）．

［17］迪建．虚拟现实 VR 产品及其产业链探究［J］．集成电路应用，2016（03）．

［18］李娜．虚拟现实技术在产品设计中的效用研究［J］．西部皮革，2019（24）．

［19］袁琪．互联网产品的设计评价研究——以虚拟现实展示平台为例［J］．艺术与设计（理论），2019（10）．

［20］李胜男．基于虚拟现实技术在产品设计教学中的应用探讨［J］．散文百家，2018（02）．

［21］宫文飞．虚拟现实技术在产品设计中的应用［D］．大连：大连理工大学，2003.

［22］王佳．基于虚拟现实技术 VR－Platform 平台的产品展示研究［D］．太原：太原理工大学，2013.

［23］吴波．虚拟现实技术在家电产品设计中的应用研究［D］．济南：山东大学，2012.

［24］范文洁．沉浸式虚拟现实技术下的产品设计评价研究［D］．厦门：华侨大学，2016.

［25］杨萍．基于虚拟现实技术的产品设计评价系统研究［D］．长沙：中南大学，2008.

［26］王惠．基于虚拟现实技术的产品设计过程中的可用性研究［D］．上海：东华大学，2006.

［27］田茵．基于虚拟现实的三维产品展示［J］．计算机教育，2009（06）．

［28］唐宇．虚拟现实产品的叙事空间设计研究——以虚拟现实科普产品为例［D］．北京：北京邮电大学，2019.

［29］李筠，董继先，杨君顺．基于虚拟现实技术的产品设计［J］．

陕西科技大学学报，2006（01）.

［30］舒水. 基于虚拟现实技术的小家电产品展示设计应用研究［D］. 桂林：广西师范大学，2015.

［31］王龙江. 基于多通道沉浸式虚拟现实技术的机械产品展示系统的研究［D］. 淄博：山东理工大学，2007.

［32］杨君顺，贺雪梅. 产品开发中的虚拟现实技术［J］. 包装工程，2004（06）.

［33］刘巍. 基于用户行为逻辑的虚拟现实产品交互设计研究［D］. 南京：南京理工大学，2017.